U0050069

菜 單 設 計

(Menu Design)

蔡曉娟／著

張　序

　　觀光事業的發展是一個國家國際化與現代化的指標，開發中國家仰賴它賺取需要的外匯，創造就業機會，現代化的先進國家以這個服務業為主流，帶動其他產業發展，美化提昇國家的形象。

　　觀光活動自第二次世界大戰以來，由於國際政治局勢的穩定、交通運輸工具的進步、休閒時間的增長、可支配所得的提高、人類壽命的延長，及觀光事業機構的大力推廣等因素，使觀光事業進入了「大眾觀光」（Mass Tourism）的時代，無論是國際間或國內的觀光客人數正不斷地成長之中，觀光事業亦成為本世紀成長最快速的世界貿易項目之一。

　　目前國內觀光事業的發展，隨著國民所得的提高、休閒時間的增長、以及商務旅遊的增加，旅遊事業亦跟著蓬勃發展，並朝向多元化的目標邁進，無論是出國觀光或吸引外籍旅客來華觀光，皆有長足的成長。惟觀光事業之永續經營，除應有完善的硬體建設外，應賴良好的人力資源之訓練與培育，方可竟其全功。

觀光事業從業人員是發展觀光事業的橋樑，它擔負增進國人與世界各國人民相互瞭解與建立友誼的任務，是國民外交的重要途徑之一，對整個國家的形象影響至鉅，是故，發展觀光事業應先培養高素質的服務人才。

揆諸國內觀光之學術研究仍方興未艾，但觀光專業書籍相當缺乏，因此出版一套高水準的觀光叢書，以供培養和造就具有國際水準的觀光事業管理人員和旅遊服務人員實刻不容緩。

今欣聞揚智出版公司所見相同，敦請本校觀光事業研究所李銘輝博士擔任主編，歷經兩年時間的統籌擘劃，網羅國內觀光科系知名的教授以及實際從事實務工作的學者、專家共同參與，研擬出版國內第一套完整系列的「觀光叢書」，相信此叢書之推出將對我國觀光事業管理和服務，具有莫大的提昇與貢獻。值此叢書付梓之際，特綴數言予以推薦，是以爲序。

中國文化大學董事長

張鏡湖

揚智觀光叢書序

　　觀光事業是一門新興的綜合性服務事業，隨著社會型態的改變，各國國民所得普遍提高，商務交往日益頻繁，以及交通工具快捷舒適，觀光旅行已蔚為風氣，觀光事業遂成為國際貿易中最大的產業之一。

　　觀光事業不僅可以增加一國的「無形輸出」，以平衡國際收支與繁榮社會經濟，更可促進國際文化交流，增進國民外交，促進國際間的瞭解與合作。是以觀光具有政治、經濟、文化教育與社會等各方面為目標的功能，從政治觀點可以開展國民外交，增進國際友誼；從經濟觀點可以爭取外匯收入，加速經濟繁榮；從社會觀點可以增加就業機會，促進均衡發展；從教育觀點可以增強國民健康，充實學識知能。

　　觀光事業既是一種服務業，也是一種感官享受的事業，因此觀光設施與人員服務是否能滿足需求，乃成為推展觀光成敗之重要關鍵。惟觀光事業既是以提供服務為主的企業，則有賴大量服務人力之投入。但良好的服務應具備良好的人力素質，良好的人力素質則需要良好的教育與訓練。因此觀光事業對於人力的需求非常殷切，對於人才的教育與訓練，尤應予以最大

的重視。

　　觀光事業是一門涉及層面甚爲的學科，在其廣泛的研究對象中，包括人（如旅客與從業人員）在空間（如自然、人文環境與設施）從事觀光旅遊行爲(如活動類型)所衍生之各種狀（如產業、交通工具使用與法令）等，其相互爲用與相輔相成之關係（包含衣、食、住、行、育、樂）皆爲本學科之範疇。因此，與觀光直接有關的行業可包括旅館、餐廳、旅行社、導遊、遊覽車業、遊樂業、手工藝品以及金融等相關產業等，因此，人才的需求是多方面的，其中除一般性的管理服務人才（例如會計、出納等）可由一般性的教育機構供應外，其他需要具備專門知識與技能的專才，則有賴專業的教育和訓練。

　　然而，人才的訓練與培育非朝夕可蹴，必須根據需要，作長期而有計畫的培養，方能適應觀光事業的發展；展望國內外觀光事業，由於交通工具的改進，運輸能量的擴大，國際交往的頻繁，無論國際觀光或國民旅遊，都必然會更迅速地成長，因此今後觀光各行業對於人才的需求自然更爲殷切，觀光人才之教育與訓練當愈形重要。

　　近年來，觀光學中文著作雖日增，但所涉及範圍卻嫌不足，實難以滿足學界、業者及讀者的需要。個人從事觀光學研究與教育者，平常與產業界言及觀光學用書時，均有難以滿足之憾。基於此一體認，遂萌生編輯一套完整觀光叢書的理念。

　　適得揚智文化事業有此共識，積極支持推行此一計畫，最後乃決定長期編輯一系列的觀光學書籍，並定名爲「揚智觀光叢書」。依照編輯構想。這套叢書的編輯方針應走在觀光事業的尖端，作爲觀光界前導的指標，並應能確實反應觀光事業的需求，以作爲國人認識觀光事業的指引，同時要能綜合學術與

實際操作的功能，滿足觀光科系學生的學習需要，並可提供業界實務操作及訓練之參考。因此本叢書將有以下幾項特點：

(1)叢書所涉及的內容範圍儘量廣闊，舉凡觀光行政與法規、自然和人文觀光資源的開發與保育、旅館與餐飲經營管理實務、旅行業經營，以及導遊和領隊的訓練等各種與觀光事業相關課程，都在選輯之列。

(2)各書所採取的理論觀點儘量多元化，不論其立論的學說派別，只要是屬於觀光事業學的範疇，都將兼容並蓄。

(3)各書所討論的內容，有偏重於理論者，有偏重於實用者，而以後者居多。

(4)各書之寫作性質不一，有屬於創作者，有屬於實用者，也有屬於授權翻譯者。

(5)各書之難度與深度不同，有的可用作大專院校觀光科系的教科書，有的可作為相關專業人員的參考書，也有的可供一般社會大眾閱讀。

(6)這套叢書的編輯是長期性的，將隨社會上的實際需要，繼續加入新的書籍。

身為這套叢書的編者，謹在此感謝中國文化大學董事長張鏡湖博士賜序，產、官、學界所有前輩先進長期以來的支持與愛護，同時更要感謝本叢書中各書的著者，若非各位著者的奉獻與合作，本叢書當難以順利完成，內容也必非如此充實。同時，也要感謝揚智文化事業執事諸君的支持與工作人員的辛勞，才使本叢書能順利地問世。

李銘輝　謹識

自　序

　　「民以食爲天」，一日三餐是人類基本的生理需求，而隨著工商業發達，外食人口大幅成長，造成各式餐館應運而生，其中「菜單」更成爲餐廳介紹本身產品必備的工具，其有如一位無言的推銷員，在餐飲經營者與顧客之間扮演著舉足輕重的地位。由此可見，餐飲服務業與菜單息息相關，不容忽視偏廢，更爲與顧客間溝通的重要橋樑。

　　有鑑於此，本書參考國內外菜單設計專書，輔以市面上已有之各式菜單，對菜單之設計作一有系統的介紹。全書編撰以簡明扼要爲原則，範圍涵括菜單內容的解析及菜單定價之技巧。全書共計七章二十八節，第一章介紹菜單的定義與起源，目的是幫助讀者明瞭菜單的重要性；第二章敍述菜單的種類與編排要點，以做爲菜單設計之依據；第三章則剖析中西式菜單的架構與特色，第四章將菜單設計的程序作一說明；第五章以菜單定價策略及方法爲主題，強調供需均衡之觀點；第六章列出菜單製作的原則與要求；第七章乃探討如何增添新菜色並適時修正菜單。

　　在此書撰寫期間，承蒙恩師李銘輝博士的多方指導，父母

蔡進南先生及余彩貞女士在精神上的支持鼓勵，揚智文化事業股份有限公司閻富萍小姐提供寶貴意見，海洋大學鄭安倉惠予修飾文稿，好友廖怡華分享其個人典藏之菜單，學弟陳冠宏協助資料收集及兄妹世薰、曉玲、曉薇盡心盡力校對，使得本書得以順利完成，特予深謝。最後，惟筆者才疏，致書中多有遺漏或不足之處，誠懇期待各方先進不吝指正，使本書更為豐富充實。

蔡曉娟　謹識

民國八十八年三月

▼目　　錄▼

第一章 緒 論

◆ 菜單的定義與起源

◆ 菜單之基本認識

◆ 菜單設計的重要性

客人進入餐廳，期待享用一頓美食佳餚之前，第一步必須經過「點菜」這道手續，而在大多數餐廳無法提供實物展示及廚師又不可能親自逐一介紹菜色的情況限制下，一份製作嚴謹、精美詳實的菜單，便成了各式菜餚的最佳代言人，亦是餐廳與顧客間的溝通橋樑。本章就菜單的定義、菜單的起源、菜單的基本認識及菜單設計的重要性加以敘述，並分別說明如下。

菜單的定義與起源

我們知道餐廳的銷售工作是從菜單開始的，唯有充分瞭解菜單所代表的意義及起源，才能設計出一套最完善、最理想、最具說服力的菜單組合。

一、菜單的定義

菜單是溝通訊息的印刷品，也是食品飲料的產品清單，更是餐飲服務系統運行過程中關鍵性的焦點。因此，「菜單」一詞的意義可分為廣義與狹義兩方面來說，謹分述如下：

(一)狹義的定義

(1)菜單，它的英文名為 "Menu"，源於法文，有「細微」之意，根據《牛津詞典》，其意義為「在宴會或點餐時，供應菜餚的詳細清單；帳單」。在有的餐館中亦被稱為食譜。

(2)菜單是餐廳最重要的商品目錄，通常以書面形式呈現，供光臨餐廳的客人從中進行選擇，可說是一位無言的推銷員，因此，所代表的含義並非只是一張價目表而已。

(3)一張完整的菜單，其內容應包括：食物名稱、種類、價格、烹調方法、圖片展示及相關知識的陳述等，如此才能讓客人安心點菜，專心享受眼前美食。

(二)廣義的定義

(1)菜單是餐飲產品和服務的宣傳品。

(2)菜單是餐飲經營過程中最佳的指導方針。

(3)菜單是餐飲企業與顧客之間訊息交流的工具（圖1-1）。

圖1-1　菜單是餐廳介紹自身產品的最佳代言人

二、菜單的起源

　　自古以來，人類不斷追求美食，其中關於菜單的起源有很多種不同的說法，包括源自法國人、英國人、第一份詳細記載菜餚項目的菜單及早期的發展情形。

(一)法國人的說法

　　法國人認為菜單源自一四九八年的蒙福特（Hugo de Montford）公爵，他在每次宴會中，總用一張羊皮紙寫著廚師所要出菜的菜名，以便明白當天要吃些什麼。

(二)英國人的說法

　　英國人認為菜單始自一五四一年的布朗斯威克（Brunswick）公爵，當時廚師都有一種用來記錄烹飪菜餚的備忘錄。某一天，布朗斯威克公爵在家宴請朋友時，忽然有一種念頭，要求廚師將當天準備的菜名抄在一張小條子上，使他能預先掌握將要上桌的菜餚為何，以保留胃口來吃最喜愛的菜。這種作法受到大家的歡迎，於是競相學習而流傳至今，成為餐桌上不可或缺的東西。

(三)第一份詳細記載的菜單

　　第一份詳細記載並列有各項菜餚細目的菜單（**表1-1**），出現在一五七一年一名法國貴族的婚宴典禮上。到了法王路易十五，他不但講究菜色的結構，也重視菜單的製作，後來演變成為王公貴族及富豪宴客時不可缺少的物品。

(四)菜單早期的發展

　　歐洲的王公貴族們為了滿足虛榮及誇耀自己身分地位，而出現花樣百出、各式排場的大菜單。至於菜單廣為民間一般餐

表1-1　文字記載之最古老菜單

FIRST COURSE

Salads of various kinds
Flesh of prinsel with parsley and vinegar (savory preserve)
Mutton broth
Fricassée of gosling
Spring chicken with spinach
Cold saille
Pigeons à la Trimoulette
Roast joint of mutton
Roast breast of veal
Small pastries with hot sauce
Roast roebuck
Dainty pâté
Spring chickens·in aspic
Sweetened mustard

SECOND COURSE

Venison broth
Roast capon
Orange salad
Roast pheasant
Roast rabbits
Roast spring chicken, some stuffed, others larded
Chériots
Roast quails
Roast crousets
Smoked tongues
Boulogne sausages
Pheasant pies
Meaux ham pies
Crousets pies
Turkey or peacock pie
Venison pie
Leg of lamb daubé
Capon in aspic
Sweetened mustard
Olives

DESSERTS

Mousse tart
Apple tart
Chervil tart
Jam tart
Cream flan
Gohière
Waffles
Pear pies
Clove apples
Pears in mead
Sartelles pears
Angelots
Morbecque cream
Green walnuts
Fresh fruit
Apple jelly
Cheese

圖1-2　法國印象派大師雷諾瓦插畫

此畫是由法國名印象派大師雷諾瓦（Renoir）為Parisian餐廳畫的插畫，
藉以換取免費的餐飲。此畫的內容描述一位廚師忙於穿梭在一日的菜單中。
資料來源：高秋英，《餐飲服務》p.73.

飲業採用，則是在十九世紀末（1880-1890），法國的巴黎遜
（Parisian）餐廳把製作精美的商業菜單首次介紹給大眾，同時
當年有名的畫家雷諾瓦（Renoir）、高更（Ganguin）及羅特列克
（Toulouse-Lautrec），更以素描或繪製菜單來換取食物或報酬
（圖1-2）。

菜單之基本認識

菜單是經營一家餐廳不可或缺的工具,所以,餐飲從業人員應該對菜單本身的作用、菜單的特色、菜單的形式及菜單設計的目標等,有初步的認識與瞭解。

一、菜單的作用

菜單是餐廳飲食產品銷售種類和價格的一覽表,直接影響餐飲服務的經營成效,其具體作用有下列十項:

(1)菜單是餐飲促銷的手段:一份精心編製的菜單,能使顧客感到心情舒暢,賞心悅目,並能讓顧客體會餐廳的用心經營,促使顧客欣然解囊,樂於多點幾道菜餚;而且可以利用菜單內容引導顧客嘗試高利潤菜,以增加餐廳的收入。

(2)菜單既是藝術品又是宣傳品:菜單無疑是餐廳主要的廣告宣傳品,一份製作精美的菜單不但可以提高用餐氣氛,更能反映餐廳的格調,使客人對菜單內所列的美味佳餚留下深刻印象。有的菜單甚至可以視為一種藝術品,讓人欣賞並留作紀念,帶給客人美好的用餐體驗。

(3)菜單可反映餐廳的經營方針:餐飲工作包羅萬象,主要有原料的採購、食品的烹調製作以及餐廳服務,這些工作內容都是以菜單為依據。因此,菜單必須根據餐廳經

營方針的要求來設計，才能實現營運目標。

(4)菜單可促進餐飲成本及銷售之控制：菜單是管理人員分析餐廳菜餚銷售狀況的基本資料。管理人員要定期檢視與菜單相關的各種問題，進而協助餐廳更換菜單種類，改良生產計畫和烹調技術；改善菜餚的促銷方式和定價方法。

(5)菜單是廚房購置相對應餐飲設備的指南：餐飲企業必須根據菜單的菜餚種類和製作方法，選擇合適的餐飲設備和工具，例如炒青菜不適合用烤板，煎牛排不適宜使用炒鍋；而製作北京烤鴨時，則必須使用掛爐。一般而言，菜式種類越豐富，所需的設備種類就越多。

(6)菜單是溝通消費者與接待者之間的橋樑：消費者透過菜單來選購自己所喜愛的菜餚，而接待人員透過菜單來推薦餐廳的招牌菜，兩者之間藉由菜單開始交談，使得訊息可以交流，形成良好的雙向溝通模式。

(7)菜單象徵餐廳菜餚的經營特色和等級水準：每個餐廳都有自己的經營特色和等級水準。菜單上的食品項目、飲料品種、價格及質量等均能顯現餐廳商品的特色和水準，以留給客人良好和深刻的印象。

(8)菜單是餐廳採購材料種類、數量、方式之依據：食品材料的採購和儲藏是餐廳經營活動的必要環節，它們受到菜單內容和菜單類型的支配和影響。所以餐廳經營者必須根據菜單來決定食品材料採購的種類和數量之多寡。

(9)菜單是餐廳服務人員為顧客提供各項服務的準則：菜單決定了餐廳服務的方式和方法，服務人員必須根據菜單的內容及種類，提供各項標準的服務程序，才能讓客人

得到視覺、味覺、嗅覺、胃覺上的滿足。

(10)菜單可以成爲研究食品質量的資料，並可依據賓客喜好，將內容作適當的修正：餐廳經營者可以根據客人點菜的情況，瞭解客人的口味以及客人對本餐廳菜餚的歡迎程度，作爲改進食品質量及服務品質的依據。

二、菜單的特色

良好的菜單設計，除了能滿足客人的需求之外，更要讓餐廳產生最大的經濟效益，爲達到這種雙向任務，菜單必須具備下列條件：

(1)具有廣告性：菜單是餐廳裝飾的一部分，代表著餐廳的氣質與格調，同時具有廣告的作用。

(2)具有號召力：透過設計精美的菜單，來引起客人品嚐美食佳餚的慾望。

(3)具有宣傳效果：菜單是餐廳最重要的商品目錄，更是無言的推銷人員。

(4)內容簡要明瞭：菜單內容要簡單明確，不可造成客人點菜的困擾，以免阻礙菜餚的銷售能力。

(5)應隨季節而變化：菜單上各類食品組合，既要能保持菜餚的特性，亦要隨季節變化而作調整。

(6)分類要依序排列：菜餚分類要有次序，並能展現菜單結構的整體性。

(7)要保持整潔美觀：唯有保持菜單的乾淨與美觀，才能讓客人愛不釋手，進而增加菜單的翻閱頻率。

三、菜單的形式

餐飲企業經營者可以根據餐廳的性質、特點、風格與經營方針，建立固定的供餐模式，編寫各種菜單。然而不論是哪一種菜單，原則上可歸納為套餐、單點或混合式等三大類型。

(一)套餐菜單

套餐菜單的法文為table d'hote，相當於英文的table of host，其定義及特色如下：

(1)套餐菜單亦稱為定餐菜單（set-menu）。

(2)最大的特色是僅提供數量有限的菜餚，且有固定的上菜順序。

(3)中餐內常見的「合菜」或西餐之A、B餐均屬於此種類型。

(4)此種形式的菜單通常會包含最受歡迎的招牌菜，不僅可以減少客人點餐時不甚熟悉的麻煩，也有助於業者在採買及製作上之方便（表1-2）。

(5)套餐菜單的品質，依價格決定，有良好、中等、普通三種，供客人自由選擇。

(二)單點菜單

單點菜單的法文為a la carte，相當於英文的on the card，其定義及特色如下：

(1)單點菜單的設計及製作較為精美。

(2)最大的特性是菜色種類比套餐菜單豐富，使顧客有更大的選擇空間。

(3)單點菜單依每道菜的大、中、小份量，予以個別訂價。

表1-2 西式定餐菜單

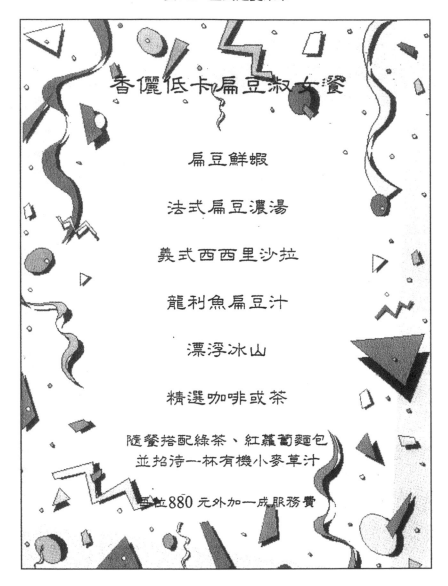

香儷低卡扁豆淑女餐

扁豆鮮蝦

法式扁豆濃湯

義式西西里沙拉

龍利魚扁豆汁

漂浮冰山

精選咖啡或茶

隨餐搭配綠茶、紅蘿蔔麵包
並招待一杯有機小麥草汁

每位880元外加一成服務費

資料來源：力霸皇冠大飯店香儷廳

(4)單點菜單的價格通常比套餐組合昂貴。

(5)適用範圍包括一般的中、西餐廳（**表1-3**），以及旅館之客房服務（**表1-4**）等。

(三)混合式菜單（Combination）

混合式的菜單可說是套餐菜單與單點菜單的綜合，其特色如下：

（1)此種菜單的特性是某些菜（大部分是主菜部分）可以任意挑選，但某些菜則是固定不變的（如開胃菜、飲料、甜點等）。

（2)其價格會因主菜的不同而有所變動（**表1-5**）。

四、菜單設計的目標

菜單演變過程由繁入簡，但始終扮演著「推銷櫥窗」角色，不僅可以說服顧客前來消費，還能透過服務系統，傳遞經營者的理念，並期望達成下列目標：

(1)菜單內容必須精確：正確詳實的菜單內容是餐飲部各個生產環節不可或缺的工具。

(2)菜單必須符合顧客的期望：顧客透過菜單的介紹，以瞭解餐廳的餐飲產品，而名副其實的菜餚項目才能廣受顧客喜愛。

(3)菜單能協調餐廳整體裝飾：餐廳藉由菜單的設計效果，強調餐廳的訴求及經營目標。

(4)菜單能促進餐廳商品之銷售：利用菜單達成餐飲促銷的目的，並隨時留意顧客口味的變化。

(5)菜單要創造餐廳的個性和氣氛：菜單能營造餐館的格調

表1-3 傳統中餐的單點菜單

飯　麵
RICE & NOODLES

		NT$
鹹魚鷄粒炒飯	1101 FRIED RICE W/SALTY FISH AND DICED CHICKEN	260
揚州炒飯	1102 FRIED RICE CANTONESE STYLE	(海碗) 150 / 250
生菜牛粒飯	1103 FRIED RICE W/MINCED BEEF & LETTUCE	250
福建炒飯	1104 FRIED RICE FUKEN STYLE	320
滑蛋蝦仁燴飯	1105 STEWED SHRIMPS RICE W/EGG	280
乾炒牛河粉	1106 FRIED RICE NOODLES W/BEEF	250
乾燒伊麵	1107 FRIED NOODLES W/TENDER SCALLIONS	250
海鮮湯麵	1108 SOUP NOODLES W/SEAFOOD	350
星州炒米粉	1109 FRIED RICE VERMICELLI IN SINGAPORE STYLE	250
廣州炒麵	1110 FRIED NOODLES IN CANTONESE STYLE	250
蝦球炒麵	FRIED NOODLES W/PRAWN BALL	450
豉油皇炒麵	1112 FRIED NOODLES W/BLACK BEAN SAUCE	220
牛肉炒麵	1113 FRIED NOODLES W/SLICED BEEF	250
生菜燒鴨絲湯米粉	1114 SOUP RICE NOODLES W/SHREDDED ROASTED DUCK & PRESERVED VEGETABLE	280
海鮮炒烏冬	1115 FRIED U-DONG (JAPANESE NOODLES) W/SEAFOOD	380
鴛鴦炒飯	1116 SPECIAL FRIED RICE W/TWO DIFFERENT WAY	380

資料來源：力霸皇冠大飯店嘉園廳

表1-4　掛牌型之客房餐飲菜單

請於凌晨壹時前掛在門外

請在這些類別內，圈選您所喜好的早餐及數量

美式早餐
NT $ 480

任選果汁	☐葡萄柚汁	☐柳丁汁	☐番茄汁	☐波蘿汁
任選	☐法式吐司	☐華富餅	☐鬆餅	
	☐熱鮮奶麥片	☐玉米片		
	☐雙蛋			
任選麵包	☐丹麥甜麵包	☐牛角麵包	☐吐司	
附牛油	☐橘皮果醬	☐草莓果醬	☐蜂蜜	
新鮮水果盤				
任選飲料	☐咖啡　附加	☐鮮奶	☐鮮奶油	
	☐紅茶　附加	☐鮮奶	☐檸檬	
	☐牛奶　☐冷　☐熱			

歐陸式早餐
NT $ 420

任選果汁	☐葡萄柚汁	☐柳丁汁	☐番茄汁	☐波蘿汁
任選麵包	☐丹麥甜麵包	☐牛角麵包	☐吐司	
附加	☐橘皮果醬	☐草莓果醬	☐蜂蜜	☐牛油
新鮮水果盤				
任選飲料	☐咖啡	附加☐鮮奶	☐鮮奶油	
	☐紅茶	附加☐鮮奶	☐檸檬	
	☐牛奶	☐冷	☐熱	

另加10%服務費

早餐供應時間：6:00 ─ 10:00

服務時間	☐6:00 ─ 6:30	☐6:30 ─ 7:00	☐7:00 ─ 7:30
	☐7:30 ─ 8:00	☐8:00 ─ 8:30	☐8:30 ─ 9:00
	☐9:00 ─ 9:30	☐9:30 ─ 10:00	

房客姓名　　　　　　　　　　**房間號碼**
_____

日期　　　　　　　　　　人數
_____

簽名
_____

表1-5　混合式菜單

--March 12, 1999

香儷午餐精選
(午餐精選包含湯 三菜 飲料及附帶開胃前菜
甜點及水果供應於沙拉吧上)

湯類精選
玉米菠菜湯
或
今日湯

主菜精選
墨西哥扒蘿利魚　NT$ 650

里昂紅酒燴鴨腿　NT$ 650

里崑牛肉白菜捲　NT$ 650

銀行式煎鯧魚　NT$ 680

威靈頓雞胸　NT$ 680

白酒煎鱈魚　NT$ 680

里昂脆皮烤鮭魚　NT$ 810

皇冠牛小排　NT$ 810

里昂燒烤羊排　NT$ 810

里昂燒烤雞肝腓力　NT$ 1,300

香儷沙拉吧及湯(附精選咖啡或茶)　NT$ 650

精選新鮮咖啡或茶
感謝您點用午餐精選, 以上價格均加百分之十服務費

資料來源：力霸皇冠大飯店香儷廳

與特色，提昇顧客視覺上的滿足。

(6)菜單有助於達成各項質量之標準：有關各項菜餚品質與數量的優劣和多寡，必須根據菜單上的規定，才能達到標準。

(7)菜單要成為飲食成本管理的工具：飲食成本的高低取決於菜單的種類，所以餐飲成本管理必須從菜單設計開始。

(8)菜單必須能凸顯餐廳經營管理水平：菜單在整個餐飲經營活動中具有計劃和控制功能，是一項重要管理工具。

菜單設計的重要性

一份設計理想的菜單，往往能協助顧客點餐，減少不必要的麻煩，所以設計菜單時應該掌握的重點有：服務方式、菜式種類、顧客喜好、廚房設備、製備能力、存貨控制、顧客的預算、市場需求及利潤、食材管理與配置及其他，說明如下：

(一)服務方式

因菜餚的服務方式不同，而對菜單結構產生直接或間接的影響。

(二)菜式種類

食物烹調方式和菜式種類會因地區性而有所差別，所以應根據菜餚種類設計符合餐廳經營特色的菜單。

(三)顧客喜好

研究顧客屬性，可以幫助瞭解餐飲市場的發展趨勢，並透

過專業之規劃設計以研究開發出受歡迎的菜單。

(四)廚房設備

廚房設備是餐食製備過程的主角,而廚房專業設備與菜單設計更是息息相關,不可偏廢。

(五)製備能力

透過技術優良、廚藝精湛的專業人員,才能確保食物的品質,製作符合菜單上各種口味的菜餚,以帶給客人美好的用餐經驗。

(六)存貨控制

有效控制存貨的安全存量,適時補充各項食物材料及餐具用品,才能應付客人所需,避免發生客人點不到菜單上菜餚的窘境。

(七)顧客的預算

在顧客的用餐經費範圍內,將菜單上各類食品加以組合運用,給予客人物超所值之滿足感。

(八)市場需求及利潤

依據市場調查結果,研發新產品,設計具有獨特風格及高利潤的商品,以創造企業經營目標。

(九)食材管理與配置

透過嚴謹的製作要求,保持食物最佳狀態,注意各種材料的有效保存期限,提供顧客最完美、最新鮮的品嚐味道,以創造更大的利潤。

(十)其他

除了上述幾點之外,還有餐廳的佈置、裝潢、氣氛及菜餚色澤等,在設計菜單時,也應該考慮在內。

◆根據不同的時間、地點、場合、飲食方式，而有各種不同的菜單。

◆中式菜單。

◆西式菜單。

◆西式菜單。

◆客房服務菜單（立體式）。

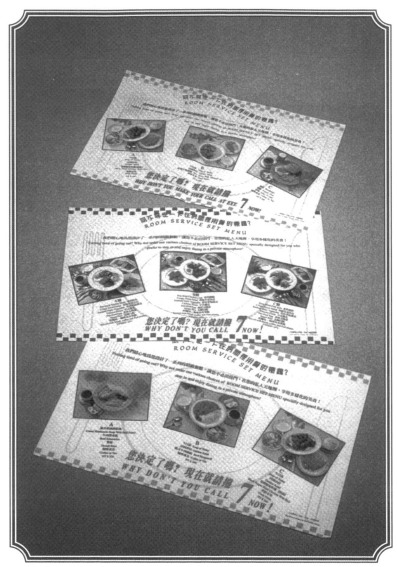

◆客房服務菜單（桌墊式）。

◆主題性菜單。

◆直立式飲料單。

第二章 菜單的內容

- ◆ 菜單編製的依據
- ◆ 菜單的種類
- ◆ 菜單的項目
- ◆ 菜單安排的要領

菜單是為了迎合顧客的某種需求而創造出來的，不同類型的顧客有不同性質的需求，即使是同一位顧客，也會因時間、地點、心態、情境、用餐場合、用餐對象的不同而產生餐飲需求上的差別，餐飲業者為了解決這種問題，而產生各式各樣的特殊菜單 。本章就菜單的種類、菜單的項目及編排上的技巧逐項說明，以瞭解各種菜單的用途。

菜單編製的依據

　　菜單設計是一項複雜的工作過程，涉及的範圍更是廣泛，從餐飲食物材料的儲存、準備、製作到上菜的全部過程，皆不能掉以輕心。所以，我們在設計菜單時應考慮市場、成本、設備、人員、服務供餐型態等各種因素，根據這些因素編製符合顧客需求的菜單。

一、市場需求

　　菜單設計者應明確知道餐廳的目標市場及消費定位，瞭解菜單是為誰設計，而那些人的社會背景及生活習慣又如何，例如：性別、年齡、職業、宗教信仰等，對他們愈瞭解，愈能抓住他們的胃。

(一)性別

不同性別的消費者會有不同的飲食口味和飲食需求量。

(1)份量：男性顧客比女性顧客的食量大，胃口佳。例如西

餐廳將牛排份量分為12盎司、8盎司、6盎司等不同重量，客人可以按照自己食量的大小自由選擇。

(2)口味：為男性顧客設計一些富脂肪、蛋白質及碳水化合物的食物；女性顧客的菜色則是清淡不油膩，素食蔬果尤佳。

(3)需求：男性顧客重量，用餐講求裹腹與份量多寡，女性顧客重質，對環境較為敏感，重視服務細節。

(二)年齡

顧客因年紀大小而有不同的閱歷與經驗，對食物的感受、看法也會有所不同。

(1)經歷：隨著年齡的增長，對食物飲料的承受範圍愈廣。

(2)習性：年紀較長的顧客，講究食物的營養衛生，能節制不良的飲食習慣，特別強調養生之道；而青年人挑食、暴飲暴食，全憑個人喜好，無節制地吃喝。

(三)職業

不同工作性質的顧客，因熱量消耗的不同，而選取不同的食物。

(1)藍領階級：以工人或勞動者為主，工作時付出相當大的勞力，所以在食物的選取上，必須能飽食一頓，才有體力工作。

(2)白領階級：以經營者或管理者為主，工作性質異於藍領階級，所以在食物的選取上，特別注重口感，充分享受用餐氣氛。

(四)經濟狀況

因所得的高或低，使消費者對餐飲產品的品質或數量，各有不同的要求。

(五)宗教信仰與民族習性

宗教與民族習性因素對顧客的購買心理產生非常直接、重大具體的影響，比如回教徒不吃豬肉及豬肉製品，餐廳千萬不可對他們供應此類產品，以免違反他們的禁忌，而造成無法挽回的遺憾。

二、食品原料供應情形

餐廳對於菜單上各種菜餚的材料，必須由廚房無條件地保證供應，這是一項相當重要但極易被忽視的經營原則。因此，在設計菜單時，就必須充分掌握各種原料的供應情況。

(一)供應現象

按照季節變化之情形做合理的調整，掌握購買食品原料的最佳時機，價格合理並符合質與量的規格需求。

(二)庫存情形

重視餐廳現有的庫存原料，特別是那些易損壞的食品，必須加強促銷，例如海鮮產品容易腐壞，要多注意食用期限。

三、食物的色澤品種

不論何種風格的餐廳，都應該提供誘人有特色的菜餚，尤其是各種食物在色、香、味、形和溫度方面的搭配，讓人在進食前，便能感受到食物的美味，令人食指大動。

(一)色彩

人們往往透過視覺印象對食物進行第一步的鑑賞，看上去味美典雅或賞心悅目，就可以說是成功的色彩組合。菜餚顏色

的配合，必須利用配料而將主料襯托出來，一般的配料方法有二種，一是順色配料，二是花色配料。

(1)順色配料：就是主料與配料的顏色一致，如暖色配暖色。

(2)花色配料：就是主料與配料的顏色不一樣，如寒暖色系互相變化。

(二)滋味

包括菜餚的香味、味道及質地。食物的質地即是人們慣稱的「口感」，指食物的軟、嫩、酥、脆等，在備製一份菜餚時，除了注意選擇口感相配的原料外，還應考慮烹調方法，才能提高菜餚的質與量，而不會失去食物的最佳口感。食物的味道一般分為酸、甜、苦、辣、鹹五種，在製作菜餚的時候，必須同時發揮食物的香味、味道及口感，用餐者才能充分體會食物的滋味。

(三)形狀

食品原料的形狀不但會影響菜餚外觀的協調，更對烹調的質量造成阻礙，形狀配合的一般原則是「塊配塊」、「片配片」、「丁配丁」、「絲配絲」，但也不是一成不變的，有的菜餚需要有獨特的形狀，如將原料切成球形、扇形或花形等。設計菜單時應注意到菜與菜形的配合，做到有片、有丁、有絲，避免過於雷同，而顯得單調乏味。

(四)溫度

食物的溫度對菜餚而言，佔有非常重要的作用。冷盤一定要低溫，而熱湯就應熱氣騰騰、香氣四溢。此外，溫度的對比也十分重要，即使是炎熱的夏天，菜單上也要有幾道熱食，同樣地，在最寒冷的多季，也要製作幾道冷盤，供消費者選取。

四、食物的營養成份

　　人們透過消化、吸收等過程，以攝取食物中的營養素，從而促進生長發育。營養素能調節人體生理機能及產生能量，人體所需要的營養素主要有蛋白質、脂質、碳水化合物、無機鹽和水等等，這些必須從食物中獲得，所以食物是生命活動力的主要來源，因此如何設計出有營養價值的菜單是菜單設計者最大的挑戰。

五、餐飲用具與設備

　　值得一提的是餐廳要考慮到廚房的設備與設施條件，不可盲目設計菜單，以免發生運作上的失調現象。那種先行購置設備機器、招聘人員，然後再編列菜單的做法，無疑是本末倒置，餐飲經營者必須儘量避免此類情況的發生。

六、飲食的供應型態

　　不同的飲食供應型態，會有不同的飲食需求，茲舉出常見的五種用餐類型，如餐桌服務、櫃台服務、外賣服務、自助式服務及路邊攤服務等五種，分別說明如下：

(一)餐桌服務（Table service）

　　此種服務方式十分周全，客人只要就坐於餐桌前，便可享用到所需的餐飲，餐桌服務依服務方式可分為法式、英式、美式、俄式、中式、日式等。其中的法式、俄式與日式三種服務

表2-1　餐桌服務的菜單結構

服務方式	菜單設計	菜單項目
法式 俄式 日式	精緻	六種（包括開胃菜、湯類、魚類、肉類、點心、飲料）
英式 美式	簡單	四種（包括湯類、魚肉類擇其一、點心、飲料）
中式	豐富	前菜四種（二道冷盤、二道熱炒或四道均熱炒） 主菜六種（包括海鮮、乾貨、家禽、家畜、蔬菜、豆類） 點心二種（甜或鹹口味）

方式，菜單設計較為精緻，菜單項目包含六種（即開胃菜、湯類、魚類、肉類、點心及飲料）；而美式與英式服務，菜單設計較簡單，包括四種菜單項目（即湯類、魚肉類擇其一、點心及飲料）；菜單設計較為豐富的中式服務，菜單項目繁多，計有前菜四種（即二道冷盤、二道熱炒或四道均熱炒）、主菜六種（即海鮮、乾貨、家禽、家畜、蔬菜及豆類）、點心二種（甜或鹹口味）。總之，不同的服務方式具有不同的菜單結構，彙整如表2-1所示。

因此，餐桌服務的特性為：

(1) 一般餐廳最常採用的服務方法就是餐桌服務。

(2)餐廳內設有桌子和椅子，所有菜餚皆透過服務人員親手由廚房端菜，送至餐桌給客人，特別重視服務的品質。

(3)服務人員必須接受良好的職前講習、在職訓練及職後學習等過程，方可勝任。

(二)櫃台服務（Counter service）

顧客圍坐於櫃台外側，由廚師在內側烹調食物，為客人服

圖2-1　鐵板燒之座位——馬蹄型

務，常見於鐵板燒餐廳，馬蹄形的供應桌，客人坐於最外側，能親眼目睹廚師製作食物的所有過程，如圖2-1所示。

因此，櫃台服務的特性為：

(1)餐廳內設有開放式廚房，廚師直接將烹調好的食物由服務台傳送給客人，特別重視現場表演所帶來的附加價值。

(2)顧客用餐迅速，所花費的時間較短。

(3)提供較為快速簡便的食物或飲料（**表2-2**）。

(三)外賣服務（Take-out service）

此種餐飲的供餐空間不大，只要能將食物包裝好，由顧客至現場購買或打電話訂購即可，注重食物的易於攜帶性及方便性，如烤鴨、點心、披薩等。

表2-2　鐵板燒餐廳之菜單

口福美鐵板燒

№ 008133

桌位：

品　　　名	單　價	數量	金　　額
鐵 板 花 枝	80		
蔥 爆 鮮 蚵	90		
炒 鮮 香 菇	80		
炒香味豬肉絲	80		
炒澳洲牛肉片	90		
炒澳洲羊肉片	90		
冰 島 鱈 魚	90		
沙 朗 牛 排	90		
小 里 肌 豬 排	80		
鐵 板 豆 腐	70		
香 蒜 雞 排	100		
蜜 汁 滷 腸	100		
檸 檬 鱈 魚	90		
蔥 爆 蝦 仁	110		
鐵 板 豆 腐 鯊	120		
B　豬肉或牛肉或羊肉＋海鮮（花枝）	150		
A　牛排或豬排或雞排＋海鮮（花枝＋蝦仁）	180		
海 陸 產（任選肉類一種、花枝、蝦仁、鱈魚）	250		
蔥　　　蛋	20		
荷 包 蛋	10		
合　　　計			

電話：(02)24259079

資料來源：口福美鐵板燒

因此，外賣服務的特性為：

 (1)外賣服務不需要很大的供應場所。

 (2)顧客可親自至該店購買或透過電話預訂。

 (3)注重食物包裝，強調易於攜帶性及迅速性。

(四)自助式服務（Self service）

  將所有製作完成的餐飲食品置於供應台上，由客人依自己的喜好來取用食物，餐廳可依不同的菜單項目將食物分成獨立的自助餐台，如沙拉吧、點心吧、飲料吧等（**表2-3**）。因此，自助式服務的特性為：

 (1)將各式菜餚備妥置於長條桌上，由客人手持餐盤自行取用。

 (2)自助式服務分為二種：

  A. Cafeteria：顧客依自己所點食物的單價支付款項（Cafeteria在法文是指廚房之配膳檯）。

  B. Buffet：顧客在支付固定的價格後，即可享受吃到飽且無限量供應的餐飲食物。

 (3)服務人員應該隨時留意菜餚的取用情形，馬上填補將要用畢的食物。

 (4)餐廳應注意餐桌與盤飾的佈置，使顧客感到十分隆重。

 (5)顧客不必久等，又可節省服務人員之精力，可說是一舉兩得。

(五)路邊攤服務（Refreshment stands service）

  菜單項目固定，多為具有獨特風格的小吃，服務方式簡單，食物的單價較一般餐廳低（**表2-4**），顧客用餐只求飽食一頓，不會強調其他的附加價值。因此，路邊攤服務的特性為：

 (1)餐食有限，菜單項目固定，顧客對食物的選擇空間降

表2-3　自助餐廳菜單

+++++ **BUFFET MENU** +++++

COLD DISHES　冷　盤

1.ASSORTED SUSHI PLATE
　各式壽司拼盤

2.GERMAN COLD CUT PLATE
　德式香腸拼盤

3.CHINA SPICE OX—TONGUE PLATE
　五香牛舌拼盤

4.LOBSTER AND FRESH FRUIT TART
　龍蝦鮮果塔

5.GOOSE AND ALMOND BALL
　杏仁肝醬球

6.NORMANDY SEAFOOD STUFFED WITH EGGS
　諾曼第海鮮釀蛋

7.HAM AND SWEET CORN SALAD
　火腿玉米沙拉

8.SEA ASPARAGUS AND POTATO SALAD
　海蘆筍洋芋沙拉

9.GARDEN GREEN SALAD BAR AND CONDIMENTS
　翠綠生菜吧

10.TUNA FISH AND MIXED GREEN SALAD
　吐拿魚生菜沙拉

HOT DISHES　熱食

1. BRAISED BEEF CURRY
   咖哩牛肉
2. LAMB CUTLET A LA PROVINCIAL
   普羅旺思烤羊排
3. GERMAN KNUCKLE
   德國豬腳
4. SAUTED SHRIMP WITH CASHEW NUT
   腰果蝦仁
5. SEAFOOD AU GRATIN WITH CHEESE
   起司焗海鮮
6. PAN—FRIED SALMON WITH CEPES SAUCE
   黃麻菇煎鮭魚
7. FRIED RICE "CANTONESE" STYLE
   廣式炒飯
8. SINGAPORE STYLE FRIED RICE NOODLE
   新加坡炒米粉
9. SEASONAL VEGETABLE
   季節蔬菜
10. DEEP FRIED SPRING ROLL
   醋炸春捲

SOUP　湯類

1. WINTER MELON AND SHORT RIB SOUP　冬瓜排骨湯
2. CREAM SWEET CORN POTTAGE　奶油玉米濃湯

DESSERTS　甜點類

1. 6 KINDS OF CAKES　6種各式小甜點
2. FRESH FRUITS PLATTER　新鮮水果盤

BEVERAGE　飲料類

1. COFFEE OR TEA　咖啡或茶

表2-4　路邊攤菜單

合興飲食店			桌號 9		
＊飯　　類＊	單價	數量	＊麵　　類＊	單價	數量
雞　　腿　　飯	80		什　錦　炒　麵	60	
蝦　　排　　飯	70		什　錦　煮　麵	60	
排　　骨　　飯	65		牛　肉　炒　麵	60	
雞　　排　　飯	65		肉　絲　炒　麵	55	
花　枝　排　飯	65		肉　絲　煮　麵	50	
茄汁牛腩飯	65		搶　　鍋　　麵	55	
廣　州　燴　飯	65		大　　滷　　麵	55	
什　錦　燴　飯	65		酸　　辣　　麵	50	
蝦　仁　燴　飯	65		豬　　肝　　麵	50	
牛　肉　燴　飯	65				
花　枝　燴　飯	65				
鳳梨豬肉燴飯	60		＊小菜類＊		
牛　肉　炒　飯	55		炸　　雞　　腿	50	
鳳梨香腸炒飯	55		炸　　排　　骨	40	
叉　燒　炒　飯	55		炸　　雞　　排	45	
茄汁鮪魚炒飯	55		炒　　青　　菜	35	
蝦仁蛋炒飯	55		油　　豆　　腐	10	
鳳梨培根炒飯	55		滷　　　　蛋	8	
肉絲蛋炒飯	50		小豆干（三個）	10	
火腿蛋炒飯	50				
＊湯　　類＊					
魩　仔　魚　湯	30				
豬　　肝　　湯	30				
酸　　辣　　湯	25				
蛋　　花　　湯	20		合		
青　菜　豆腐湯	20		計		

※麵飯類大碗加十元
※煩請將菜單填妥，再拿給服務人員。謝謝！

資料來源：合興飲食店

低。

(2)不會收取額外的服務費,所以較不注重服務流程。

(3)強調付現,顧客用餐完畢後,就必須付帳,此種服務通常為小本經營,恕不讓客人賒欠。

七、餐廳工作人員的能力

廚師是餐廳的靈魂人物,若能製作出美味佳餚,成為餐廳的特色,就不怕沒有顧客上門品嚐,所以廚師的烹飪技巧和技術水準,成了設計菜單時首要考慮的因素之一,否則設計了某道菜餚,卻沒有人會做,則菜單無效。一般餐廳為了吸引顧客,特地聘請學有專精的廚藝人員掌廚,讓許多慕名而來的消費者能享受美味的食物。

八、食品的原料成本與銷售能力

食品的生產與銷售都要考慮到成本與價格。若成本太高,顧客接受程度低,該餐飲食品就缺乏市場;如果壓低價格,影響毛利,又容易產生虧損現象,因此在制訂菜單時,必須考慮成本與價格二個因素。

一般來說,菜單上所有餐點的銷售情形和獲利能力,大致可分為四種情況:

(1)既暢銷又高利潤。

(2)不暢銷但高利潤。

(3)雖暢銷但低利潤。

(4)既不暢銷又低利潤。

就上述四類情況來看，第一類餐點一定要列入菜單中，第二類餐點則不妨留在菜單中，因為它不夠暢銷，所以不會影響其他菜餚的銷售，保留此種餐點能讓菜單更加多彩多姿，第三及第四類餐點則不應列入菜單中，除非有充分理由將其保留，否則應及時撤換，以免危及餐廳生意。

菜單的種類

　　根據不同的飲食分類方法，而有各種不同的菜單，菜單種類可以分為下列幾類：(1)依照供餐性質，分為套餐菜單、單點菜單、混合菜單；(2)依照用餐時間，分為早餐菜單、早午餐菜單、午餐菜單、晚餐菜單、宵夜菜單；(3)依用餐對象，分為兒童菜單、老人菜單、宗教菜單；(4)依用餐場地，分為宴會菜單、客房菜單、外帶菜單；(5)依照市場區隔，分為咖啡廳菜單、中餐廳菜單及西餐廳菜單；(6) 依餐飲週期，分為季節菜單、固定菜單及循環菜單；(7)依照佈置型式，分為桌墊式菜單及懸掛式菜單。所以，一般皆依上述分類，而設計出不同形態的菜單，彙整如**表2-5**。

一、依供餐性質區分

　　菜單依照餐飲的供應性質，可以分為套餐菜單、單點菜單及混合式菜單三種。

表2-5　菜單種類一覽表

菜　單　之　分　類	菜　單　的　種　類
（一）依供餐性質分類	（1）套餐菜單（Table d'Hote） （2）單點菜單（A La Carte） （3）混合菜單（Combination）
（二）依用餐時間分類	（1）早餐菜單（Breakfast） （2）早午餐菜單（Brunch） （3）午餐菜單（Lunch） （4）晚餐菜單（Dinner） （5）宵夜菜單（Supper）
（三）依用餐對象分類	（1）兒童菜單（Children） （2）老人菜單（Aged） （3）宗教菜單（Religion）
（四）依用餐場地分類	（1）宴會菜單（Banquet） （2）客房菜單（Room Service） （3）外帶菜單（Take-out Menu）
（五）依市場區隔分類	（1）咖啡廳菜單（Coffee Shop） （2）中餐廳菜單（Chinese Restaurant） （3）西餐廳菜單（Western Restaurant）
（六）依餐飲週期分類	（1）季節菜單（A Season Menu） （2）固定菜單（Fixed Menu） （3）循環菜單（Cycle Menu）
（七）依佈置形式分類	（1）桌墊式菜單 （2）懸掛式菜單

(一)套餐菜單（Table d' Hote）

又稱為定餐菜單（set-menu），最大的特色是僅提供數量有限的菜餚，其餐食內容包含湯、魚、主菜、甜點、飲料等。

(二)單點菜單（A La Carte）

菜色種類比套餐菜單豐富，客人可依自己喜好選擇偏愛的菜餚，每道菜並依大、中、小份量，予以個別訂價。

(三)混合菜單（combination）

某些菜（指主菜部分）可以任意挑選，但某些菜則是固定不變的（如開胃菜、甜點、飲料）。

二、依用餐時間區分

菜單依顧客的進食時間，可以分爲早餐菜單、早午餐菜單、午餐菜單、晚餐菜單及宵夜菜單五種。

(一)早餐菜單（Breakfast）

可分爲中式早餐與西式早餐，其中西式早餐又可分爲美式及歐式兩種（**表2-6**）。

1. 中式早餐：品名繁多，從北方的燒餅油條配豆漿，到南方的地瓜稀飯配小菜，皆是老少咸宜、百吃不厭的傳統早點。

2. 美式早餐：因美國人對於早餐極爲重視，所以內容精緻豐富，包羅萬象。

    (1)開胃品：以果汁或新鮮的水果爲主。

    (2)麵包類：各式薄餅及土司，配合使用果醬或奶油。

    (3)穀物類：玉米片或麥片粥爲主。

    (4)肉類：常見的有火腿、培根或香腸。

    (5)蛋類：常見的烹調方式有單面煎蛋（sunny-side up）、兩面煎蛋（over easy）、炒蛋（scrambled egg）、水煮蛋（boiled egg）和蛋捲（omelet）等。

    (6)起司（cheese）：有硬、軟及半硬軟之分。

    (7)蔬菜類：包含番茄、蘆筍及馬鈴薯等。

    (8)飲料：以咖啡及紅茶爲佳，另有牛奶、阿華田或巧克

表2-6　早餐菜單

早　餐
BREAKFAST
ご朝食
(6:00am－11:00am)

901

"來來"早饗
任選一種果汁或新鮮水果兩枚新鮮鷄蛋
(作法任隨君意)配火腿.培根或香腸任選
小麵包、牛角麵包、丹麥麵包或土司附牛油果醬、咖啡或茶

"LAI LAI" BREAKFAST
Choice of juices or fresh fruit in season.
Two fresh eggs cooked to your liking, Ham,
bacon, sausage or langoniza, Hot rolls,
croissants, Danish pastries or toast, served
with butter and marmalade.
Coffee or tea

（西洋風ご朝食）
アメリカン、ブレックフアースト
お好みの各種ジュース又は果実
をお選び下さい
クロワノソン、スィートロール、デーニノシユブレノド
（バターとジヤム又はマーマレード）
卵2個をお好みのお料理で
ベーコン、ハム或はソーセージ付き
コーヒー又は紅茶

NT$380

902

歐式早饗
任選一種果汁或新鮮水果任選小麵包.牛角麵包
丹麥麵包附果醬、牛油、咖啡或茶

CONTINENTAL BREAKFAST
Choice of juices or fresh fruit in season.
Selection of hot rolls, croissants, or
Danish pastries, served with butter and
marmalade.
Coffee or tea

（コンチネンタル定食）
コンチネンタルブレックフアースト
お好みの各種ジュース又は果実
をお選び下さい
クロワノソン、スィートロール
デーニノシユブレノド
（バターとジヤム又はマーマレード）
コーヒー又は紅茶

NT$330

903

台灣式早饗
任選一種果汁或新鮮水果及任選清粥或白飯
附燕四種小菜咖啡或茶

TAIWANESE BREAKFAST
Choice of juices or fresh fruits in season.
Selection of congee or steamed Rice, served
with 4 different dishes.
Coffee or tea

（台湾風ご朝食）
お好みの各種ジュース又は果実及びおかゆ或はめし
をお選び下さい、あわせて四種の小皿もの、
コーヒー或はお茶。

NT$380

資料來源：來來大飯店

力飲品等。

3.歐式早餐：菜色內容比美式早餐簡單，包含麵包、果汁或其他飲料。

(二)早午餐菜單（Brunch）

用餐時間約在早上十點左右，介於早餐與午餐之間，在歐美各國較為流行，台灣並不多見，其特點是供應混合式菜餚，一方面有早餐清淡可口的食品，另一方面也有午餐豐盛的菜色。

(三)午餐菜單（Lunch）

受限於中午短暫的用餐時間，所以一般商業午餐多以簡單、客飯、定食、便當為主，其特色是快速、簡便及售價較低。在西方國家，午餐常以一個三明治或一個漢堡裹腹，現今國內大眾已逐漸接受此種速食觀念。

(四)晚餐菜單（Dinner）

一般而言，晚餐的用餐時間較長也較正式，所以餐飲食品內容豐富，售價比午餐高出二成左右。另外，因為用餐者的心情是輕鬆愉快的，餐飲業者有更多的機會推銷酒類產品，以增加餐廳的營業額。

(五)宵夜菜單（Supper）

供應時間多半在晚餐以後，菜色及口味亦有多種變化，可依個人狀況選擇是否進食（**表2-7**）。

三、依用餐對象區分

因個人身體狀況的不同或特殊身分，而研發各種特別的菜單來服務大眾，可分為兒童菜單、老人菜單、宗教菜單三種。

表2-7　宵夜菜單

宵夜點心
LATE NIGHT SUPPER
夜食間食
(11:00pm－06:00am)

蛋類和三明治
EGG DISHES AND SANDWICHES
卵類とサンドウイッチ

601 兩枚鮮蛋配火腿培根或香腸
TWO FARM FRESH EGGS (ANY STYLE)
Served with ham, bacon or sausage　　　　　　　　　NT$220
卵２個とハム或はソーセージ

602 杏利蛋配火腿芝士或蘑菇
FLUFFY OMELETTE WITH HAM, CHEESE OR MUSHROOM
チーズ或はマッシユルームのオムレツ　　　　　　　NT$260

603 芝士漢堡
CHEESE BURGER
On sesame bun, served with tomato and French fries
チーズバーガー　　　　　　　　　　　　　　　　　NT$280

604 鮪魚蛋三明治
TUNA FISH SANDWICH
Served with potato chips
ツナサンドイッチ　　　　　　　　　　　　　　　　NT$240

605 燻火鷄肉三明治
SMOKED TURKEY
Lettuce, mayonaise and bacon　　　　　　　　　　　NT$230
七面鳥の肉入りサンドイッチ

606 冷烤牛肉三明治
COLD ROAST BEEF
On rye bread with bed of lettuce, tomato and onion
牛肉入りサンドイッチ　　　　　　　　　　　　　　NT$240

資料來源：來來大飯店

(一)兒童菜單（Children）

主要的目的是吸引兒童，而影響其父母攜家帶眷，全家一起前來用餐，菜色以簡單、營養為原則，份量不必太多，而價格要適中。最重要的是提供愉快熱鬧的用餐環境，讓孩童忙於用餐，無暇哭鬧，常見的兒童餐廳以可愛的卡通人物或動物造型來包裝（**表2-8**），並隨餐附贈玩具或其他小紀念品，使小朋友愛不釋手，流連忘返。

(二)老人菜單（Aged）

銀髮族在人口比例中有逐漸增加的趨勢，不僅改變了社會的人口結構，也對餐飲市場造成莫大的衝擊與挑戰，餐飲業者在面對高齡的長者，應設計營養、低脂高纖、少鹽份及糖份低的菜單食品，以滿足此種特殊人士的需求。

(三)宗教菜單（Religion）

受宗教信仰和文化背景的影響，顧客對於食物有不同的需求，不同的宗教有不同的飲食習慣。

(1)佛教徒：以素食為主，不吃一切肉類。

(2)一貫道：也是以素食為主，但可以吃蛋。

(3)摩門教：不吃野生動物的肉，僅吃人所飼養之動物的肉，禁止喝酒、咖啡及茶。

(4)回教徒：不吃豬肉及相關的豬肉製品，但可以食用牛肉與羊肉。

(5)印度教：不吃牛肉及豬肉，只吃魚和蔬菜。

(6)猶太教：不吃豬肉、乾酪、牛奶、奶油與其混合的食品，也不吃沒有鱗片的魚（如鰻魚、鯰魚、鱔魚、臭都魚）。

表2-8 生動有趣的兒童菜單

資料來源：Lothar A. Kreck, "Menus:Analyis & Planning" ,pp.73~74.

四、依用餐場地區分

最常見的特殊場地菜單有宴會菜單、客房菜單及外帶菜單三種。受用餐場地之限制，進而影響食物的烹調方式和服務流程。

(一)宴會菜單（Banquet）

宴會餐飲是餐廳營業收入的主要來源，通常是為了顧客的特殊需求，如開會、幹部訓練、朋友聚餐、祝壽慶生及婚喪喜慶等活動而設計的餐飲服務，服務方式相當多元化，需求也因人而異。一般而言，安排宴會菜單的基本原則有下列十項：

(1)餐食份量適中。

(2)取材新鮮且應景。

(3)菜餚口味由淡轉濃。

(4)烹調方法獨特風味。

(5)食材與配料力求變化。

(6)考慮服務的順暢性。

(7)考慮用餐者的偏好。

(8)考慮宴會的形式與場合。

(9)裝盛美觀，色彩柔和鮮艷。

(10)依人數之多寡來決定供餐量。

(二)客房菜單（Room Service）

客房服務是旅館餐飲的一大特色，即旅館提供住宿旅客在客房用餐之服務，這類菜單設計以烹調容易、快速且運送方便為原則，所以菜單內容有限。另外，值得一提的是一般餐廳的服務費為10%，而客房服務費較高，通常為15%~20%。

(三)外帶菜單（Take-out Menu）

速食店最常採用此種方式，一般而言，可接受顧客親自前來購買或打電話訂購，並有專人負責送達之服務，最典型的例子就是披薩店的外賣外送服務專線（**表2-9**）。

五、依市場區隔分類

菜單依據餐廳的市場區隔，可以分為咖啡廳菜單、中餐廳菜單及西餐廳菜單三種。

(一) 咖啡廳菜單（Coffee Shop）

快速、方便、簡單以及不需要太多用餐時間為一般咖啡廳具有的特色，所以菜單種類有限、售價低廉、材料平實，一間個人主義濃厚的咖啡廳，滿載著店主的夢想及心意，給人輕鬆自在的休息空間（**表2-10**）。

(二)中餐廳菜單（Chinese Restaurant）

中餐廳的種類繁多，菜單各有特色，如台菜、川菜、江浙菜、湖南菜和廣東菜等。其中，川菜以口味取勝，強調酸、甜、苦、辣、麻、鹹、香七種味道；湖南菜則以肉類食品為主；而廣東菜取材昂貴，多以生猛海鮮、魚翅、鮑魚為主，彙整如**表2-11**。

(三)西餐廳菜單（Western Restaurant）

「西餐之母」源自於義大利，而今日西餐主流為法國菜。西餐廳包含法式餐廳、義大利餐廳、家庭式餐廳及高級美食餐廳，這些餐廳提供的菜餚種類大同小異，同質性高，如湯類、開胃菜、主菜、沙拉、飲料等。

(1)法式餐廳（French Restaurant）：用餐過程強調美酒的功

表2-9　外帶菜單

海鮮 Seafood	夏威夷 Hawaiian	義大利 Italian	覺醒美式臘腸 Double Pepperoni	海陸香拼 Surf & Turf	香辣墨西哥 Mexican(Spicy)	鮪魚 Tuna

B.B.Q.烤雞（8塊）
NT$140元

法國香蒜麵包
NT$30元

雞茸玉米濃湯
小200c.c. NT$40元
大400c.c. NT$70元

香酥麵包條（10條）
NT$45元

紐奧良辣味烤雞（8條）
NT$140元

義大利肉醬麵
NT$100元

想吃比薩就撥：(02) 2-39-39-889
全國最大比薩連鎖店
就可找到最近的必勝客

資料來源：必勝客台北陽明店

表2-10　咖啡廳菜單

咖啡

花式熱咖啡

義大利夢幻	FOAM COFFEE	8 0
義大利濃縮咖啡	ESPRESSO	100
卡布吉諾	CAPPUCCINO	120
維也納咖啡	VIENNA COFFEE	150
情人咖啡	CHOCOLATE COFFEE	150

傳統熱咖啡

吧檯特調咖啡	SPECIAL COFFEE	130
巴西咖啡	BRAZICIAN SANTOS COFFEE	130
曼特寧咖啡	MANDELING COFFEE	150
牙買加藍山咖啡	BLUE MOUNTAIN COFFEE	180
翡冷翠蕃薯酒咖啡	FLORENCE VODKA COFFEE	180

冰咖啡

羅浮多	ICE-CREAM COFFEE	130
巧克力冰咖啡	CHOCOLATE ICE COFFEE	130
翡冷翠冰咖啡	FLORENCE ICE COFFEE	150

冰品

天然果汁

蕃茄蜜汁	TOMATO JUICE	130
檸檬蜜汁	LEMONADE JUICE	130
桔子汁	TANGERINE	150
小麥苗	WHEAT ROOT	150
柳丁汁	ORANGE JUICE	150
蛋蜜汁	HONEY EGG JUICE	150

冰茶

雨雪冰奶茶	SPECIAL FLAVOURED TEA	130
冰漾紅茶	SPECIAL FLAVOURED TEA	130
戀戀情果（葡萄香）GRAPE FLAVOURED TEA		150
無憂豐果（芙蓉香）STRAWBERRY FLAVOURED TEA		150

Florence Cafe'　　*Florence Cafe'*

資料來源：翡冷翠咖啡廳

表2-11 中餐菜單之特色

中餐菜名	烹調特性	材料取用	菜餚口味	招牌菜	備註
台菜	燉、滷、清蒸及生炒	以海鮮居多	清淡不油膩	鹽酥蝦、麻油雞、蚵仔蜷、當歸燉鴨等	具有廣東菜及日本料理之特色
川菜	乾燒、酸辣、宮保及紅油	以山產、河魚及田園為主	口味很重，強調酸、甜、苦、辣、麻、鹹、香	樟茶鴨、豆瓣魚、宮保雞丁、魚香茄子等	以重慶、成都為代表
江浙菜	煨、燉、燜及紅燒	以海鮮居多	味濃色鮮，油與糖用量多	炒鱔糊、紅燒下巴、三鮮海參、無錫肉骨頭等	又稱為上海菜，包括寧波、江蘇及淮陽等地
廣東菜	炒、焗、煲、泡及灼	取材昂貴、用料最廣，凡可進食之動物肉類均可	清爽可口、生脆不膩	叉燒、臘味、鹽焗雞、扒翅、各式點心等	又稱為粵菜，包括潮州、廣州及東江等地
北平菜	炸、爆、滷、烤、涮	牛、羊、豬、雞、鵝、鴨	因北方天氣寒冷，所以菜式較多油脂，口味香、鮮、肥、嫩	涮羊肉、炸八塊、北平烤鴨、醬爆雞丁等	又稱為京菜，以北平、山西、山東菜為代表

用，服務週到，售價昂貴。

(2)義大利餐廳（Italy Restaurant）：以麵食和披薩為銷售之訴求。

(3)家庭式餐廳（Family Restaurant）：菜色廣泛，適合全家

大小，售價低廉。

(4)高級美食餐廳（Gourmet Restaurant）：以牛排、海鮮食
品為主，服務精緻，售價昂貴。

六、依餐飲週期區分

菜單根據餐廳飲食的週期變化，可以分為季節菜單、固定
菜單及循環菜單三種。

(一)季節菜單（A Season Menu）

用心經營且力求變化的餐廳，會根據食物的季節性，設計
出不同季節的菜色，最常見的是以氣候冷暖而分為夏季菜單和
冬季菜單。

(1)夏季菜單：講求清淡爽口，不油膩。

(2)冬季菜單：以燉補、養身食品為訴求重點。

(二)固定菜單（Fixed Menu）

固定菜單是指一份菜單內容使用一年或二年以上，甚至更
久，原因是顧客來店用餐的頻率不高，常見的咖啡廳和連鎖餐
廳便是採用固定菜單，餐飲業者應將菜色多樣化以增加消費者
用餐時多重之選擇。

(三)循環菜單（Cycle Menu）

菜單製作耗時費力，業者不可能經常更新菜單，而最有效
率的方式，就是將數個菜單輪流使用，並以一套有系統的管理
制度來做適度的調節（**表2-12**）。循環菜單常用於學校、醫院、
軍隊及員工餐廳，若是循環週期過短，會讓用餐者感到食品重
複率頻繁；若是週期太長，則要審慎考慮原料的採購及儲存問
題。

表2-12　循環菜單之設計

	星期一	星期二	星期三*	星期四	星期五	星期六	星期日*
第一週	A-1	A-2	W-1	A-3	A-4	A-5	S-1
第二週	A-6	A-7	W-2	A-8	A-9	A-10	S-2
第三週	A-11	A-12	W-3	A-13	A-14	A-15	S-3
第四週	A-16	A-17	W-4	A-18	A-1	A-2	S-4
第五週	A-3	A-4	W-1	A-5	A-6	A-7	S-1
第六週	A-8	A-9	W-2	A-10	A-11	A-12	S-2
第七週	A-13	A-14	W-3	A-15	A-16	A-17	S-3
第八週	A-18	A-1	W-4	A-2	A-3	A-4	S-4
第九週	A-5	A-6	W-1	A-7	A-8	A-9	S-1
第十週	A-10	A-11	W-2	A-12	A-13	A-14	S-2

*星期三及星期日作特別菜單的設計

表中A-X（X=1，2，3………18），表示各組不同菜單的組合。

W-Y（Y=1，2，3，4）

S-Y（Y=1，2，3，4）

七、依佈置型式區分

根據菜單的表現方式，可以分為桌墊式菜單和懸掛式菜單兩種。

(一)桌墊式菜單

菜單上大多印有豔麗的圖形或景象，可放置實物照片或以立體的印刷品呈現，適合快餐餐廳或非正式的餐飲場所使用，菜單內容係提供綜合性的食品及飲料。

(二) 懸掛式菜單

菜單內容以推薦當日特餐爲主，包含菜名、菜餚特色及金額，此種展示方式的主要目的，是希望能引起消費者注意，進一步推銷特價食品，常見的有垂吊式、海報式與立架式三種。

(1)垂吊式：菜單由天花板向下方垂掛，最好是用硬紙板製作，可採用較爲搶眼的色系，以引起消費者的注意。

(2)海報式：將牆壁上的公佈欄予以美化後，再貼上製作精美的菜單或海報，讓顧客一目瞭然，不必爲點菜這道手續而大費周章。

(3)立架式：將菜單放在一個固定的架子上，置於餐廳門口，以供來往行人參考，使顧客事先知道餐廳供應的菜色與食物飲料之內容及價格，再決定是否入內用餐。

菜單的項目

菜單的基本作用是告訴顧客，餐廳或飯館能爲他們提供何種菜餚，並說明各式菜餚的做法。除此之外，也要讓顧客知道每道菜的價格，以協助客人在餐飲食物與產品價值上做一良好的判斷，所以一份製作精美詳實的菜單，應具備菜單封面、菜名、說明文字、價格、推銷特殊菜色及訊息告知等六個部分。

一、菜單封面

想要製作一份具有吸引力及說服力的菜單，實在不是一件

容易的事，除了尺寸及設計方面要易於使用，內容更要搭配餐館的整體氣氛。其中，最重要的可以說是菜單的封面，因為封面是一張菜單的門面，是顧客最早接觸的部分，一份設計精良、漂亮又實惠的菜單，往往成為餐館的醒目標誌，可以促進食物的銷售（圖2-2）。

(一)封面的圖案

　　菜單封面的圖案要能展現餐廳的特性與特色，給人最直接的聯想，一看到菜單封面就知道餐廳的經營風格。例如，經營的是俱樂部餐館，那封面就應該具有時代色彩；同樣地，如果經營的是古典式餐廳，菜單封面就要古色古香，充分顯現出藝術氣息，才能達到相互輝映的效果。

(二)封面的色彩

　　菜單封面的色彩要與餐廳環境相匹配，色調應該柔和協調，讓顧客感受餐廳的整體性。

二、菜名

　　每道菜的名稱最好是簡單明瞭，讓人容易瞭解，因為未曾嘗試過某道菜餚的顧客，往往會依據菜名選擇食物項目並寄予厚望，期許自己所點的菜能名副其實，藉此享受一頓美好佳餚。

(一)真實性

　　菜餚的名稱、品質及食品的產地應具有真實性，才不會導致前來用餐的客人無所依循。

　　(1)菜餚名稱：菜名應該好聽，但必須真實，不能過於離譜。充滿想像而故弄玄虛的菜名應該儘量避免，另外，

le
Restaurant
de France

L'Oasis. La Napoule   Louis Outhier   Hôtel Meridien. Singapour

圖2-2　菜單封面往往能成為餐館的醒目標誌

不熟悉或不符實際的菜名，不容易被顧客接受，應予以淘汰。

(2)菜餚品質：食物的材料與規格要符合菜單上的介紹，不可偷斤減兩，欺騙顧客。例如顧客選用12盎司的沙朗牛排，餐廳就不能供應低於此磅數的份量，也不能擅自改用其他部位的肉品。

(3)食品產地：食物的原產地要與菜單上的介紹一致，不可以掛羊頭賣狗肉，隨便應付客人。例如顧客用餐指定美國牛肉，那麼材料必須是美國進口的牛肉，千萬不可以用澳洲或紐西蘭的牛肉取代。另外，食品的新鮮程度應正確，如果菜單上寫的是新鮮蔬果，餐廳就不應該提供冷凍或罐頭食品。

(二)正確性

如果是外文的菜單，餐廳應提供正確的菜名讓顧客使用，尤其是西餐廳，必須特別注意，避免將菜單中的英文或法文名字搞錯及拼寫錯誤，以免留給客人不好的印象，因而對餐廳產生不信任或品質管制不嚴格的感覺。

(三)易讀性

不管餐廳提供的是中文或外文的菜單，應該讓客人方便閱讀，尤其是外文菜單，除了要有順暢的中文說明，最好也能提供原文加以對照，以示負責。

三、 說明文字

有些菜餚的製作手續繁雜，如果只看菜名，是無法體會此道菜餚的精髓，因此透過詳盡的文字敘述，以協助顧客明瞭此

道菜的精華所在，這是所有餐飲業者的責任。

(一)敘述食物製作程序

一道菜餚的主要配料、輔助調味品、烹調方法及份量，應該明白標示於菜單上，餐飲業者不可省略此項說明。

(1)主要配料：要註明材料的規格及使用部位，如肉類要註明是五花肉還是里肌肉。

(2)調味用品：有些顧客對某類調味用品不喜歡或不適合，因此必須在菜單上加以說明使用何種調味品，如四川菜館的菜單上應註明各項菜餚是否均使用辣椒調味。

(3)烹調方法：某些菜餚必須以獨特的烹調方法製作完成，應該讓客人明白備置過程。

(4)菜餚份量：客人可依自己的食量大小，選擇合適的用餐份量，以免造成不足或浪費的情形。

(二)協助顧客選用菜餚

有時顧客單憑菜名，很難看出餐廳提供的食物是什麼，尤其是面對西式餐飲的菜單時，更讓人無所適從，此時，若能加入一些文字描寫，可以使一些好奇又不清楚西式烹調的顧客，選用自己所喜愛的餐點，而不再視點菜為畏途，更能避免因不會點菜所帶來的尷尬場面。

(三)節省顧客點菜時間

在菜單上對食物產品進行說明有一項非常大的好處，就是客人可以自行閱讀菜單上的敘述，不必透過服務人員向客人一一介紹，進而減少顧客選菜的時間。

四、價格

　　菜單上應明確列出每道菜的價錢，目的是讓顧客對餐飲產品和價值兩者之間產生認同，內心感到值得而選用此道菜餚，此外，也可讓顧客在點菜時，考量自己的用餐經費，以免發生所帶的錢不夠支付餐費之窘境。除非是私人宴會的菜單，因為菜色已經確定，價格也由主人出面與餐廳商議，此時菜單所扮演的角色是指引客人，明瞭出菜順序而已，為求禮貌自然不必標示價格，否則一般餐廳在使用的菜單上，還是應該將價格明確標示出來。

五、推銷特殊菜色

　　菜單上應將餐廳提供的特殊菜餚另作介紹，才能增加此道菜餚的銷售量，究竟什麼樣的菜色需要特別推銷？該如何進行推銷呢？

(一)什麼樣的菜色需要特別推銷？

　　餐廳在設計菜單時，應考慮顧客對菜餚的接受程度，特別是針對招牌菜及利潤豐厚的食品，必須有足夠的銷售能力，才能締造營運佳績。

　　(1)餐廳的招牌菜：一家餐廳必須有獨特的菜餚口味，成為大眾指定品嚐的餐點，這道菜的主要目的是使餐廳出名，眾所皆知。既然是招牌菜，價格就不能太貴，必須讓消費者皆能一飽口福，輕易取用。

　　(2)利潤高的食品：餐廳對於利潤豐厚、價格昂貴及烹調容

易等願意多銷售的菜，應列在菜單上最醒目的位置，才能引起消費者的注意，進而點選此道菜餚。

(二)如何進行特別推銷？

餐廳對於菜單上極欲強力促銷之餐飲，可透過一些特殊的處理方法，來吸引消費者，通常使用的方法有：

(1)位置：放在菜單上引人注目的區域。

(2)圖片：附上菜餚的彩色圖片。

(3)字體：用粗字體或特殊字體強調菜名。

(4)線條：採用圖框或其他線條，以突顯菜名。

(5)說明：對特殊菜餚詳加介紹與推銷。

(6)展示：將成品置於陳列櫃內，即實物展示。

六、訊息告知

每張菜單都應該提供一些充分且必要的訊息，以傳達給消費者，使其明瞭，這些訊息包括餐廳的名稱、地址、電話號碼、營業時間、服務費及最低消費額等項目。

(一)餐廳的名稱

通常將餐廳的名字置於菜單的封面，以加深客人對餐廳的印象，期許客人再次蒞臨消費。

(二)餐廳的地址

一般將餐廳的地址列在菜單的封底下方，讓顧客明白餐廳的地理位置，有時還會將周邊的相關建物一同標示出來。

(三)電話號碼

通常會和餐廳的地址合併列出，方便顧客聯絡其他親友或洽談公事。

(四)營業時間

餐廳的營業時間常列在封面或封底，提醒客人注意餐廳的供餐時間，當時間一過，便停止供應食物。

(五)服務費

如果餐廳必須對顧客加收服務費用，應該在菜單的內頁上註明。例如在菜單裡寫上這樣一句話：「所有項目均按定價再加收一成的服務費」。

(六)最低消費額

最低消費額的多寡，一般皆由餐廳或飯店自行訂定，沒有一定的標準，主要目的是藉此彌補成本或獲取盈利。

菜單安排的要領

為了提供一頓完美的佳餚，無論中餐或西餐的餐飲經營者，在安排或組合菜單時必須注意的原則有：菜餚份量適中、菜色口味由淡轉濃、菜單項目不重複出現、考慮季節與價格、考慮宴會的形態與場合、考慮用餐者的人數與偏好、考慮服務和製作的可能性，以及給予顧客最大的決定權力等八項，茲將各項分別敘述如下：

一、菜餚份量適中

菜餚的份量依用餐人數之多寡而予以增減，為了讓用餐者能夠吃得飽，餐廳通常提供每人四百至五百公克淨重的食物，

這只是一般的平均重量，沒有一定的標準，常依個人的食量大小而有所不同。餐廳如何將菜餚份量拿捏得恰到好處，不至於讓客人感到不足或過量，這個問題值得餐飲業者深思熟慮，最簡單的方法是根據累積的經驗加以判斷。

二、菜色口味由淡轉濃

設計菜單時，應將菜餚口味加以分類，即清淡的菜色歸為同一類，而濃烈的菜色為另外一類。餐廳對於菜式口味的安排必須由清淡漸漸轉為濃烈，避免前面上的菜，其味道壓過後面上的菜，讓人無法體驗各道菜餚的特殊口味。另外，值得一提的是前幾道開胃菜的份量不宜過多，只適合稍作品嚐，刺激一下味蕾即可，以免影響後面各式菜餚的進食情形。

三、菜單項目不重複出現

在設計或組合菜單時，必須考量菜單項目的整體性，為了使菜色發揮最大限度的色香味，又能維持營養，菜單設計者應該致力於菜色的美觀與變化，透過廚藝人員精湛的手藝，製作出味美、色彩豐富、可口營養的菜餚，將每一道菜的材料、作法、刀法、顏色以及形狀多作嘗試，呈現各種不同的烹調方式。如果前面的菜切塊，後面的菜就不切塊。如果前面出現過油炸的食物，後面絕不再有相同的油炸食物。無庸置疑地，白肉類（如雞肉、豬肉或海鮮）、紅肉類（如羊肉或牛肉）等都不可以前後出現二次。另外，器皿上的裝飾菜也一樣避免重複出現，以免破壞菜餚的整體造型。

四、考慮季節與價格

　　餐廳提供的菜餚必須能與當時的季節密切配合，儘量使用應景的菜式或新鮮的材料，因爲供應新上市的食品，會給人一種清新舒暢的感覺，讓人想要大快朵頤一番。人的視覺與味覺會受季節的變動而產生影響，所以在春天、夏天及秋天這三個季節裡，餐館所供應的菜餚口味要清淡一些，顏色也要輕柔清新；而在寒冷的冬季裡，菜餚以味濃色深爲宜。餐飲食物的價格往往是根據成本來訂定，因此所開出的菜單必須在成本目標的範圍內才行，這也就是說，價格的高低會決定品質的好壞，如果因品質太差而招致顧客抱怨，進而影響該店聲譽，實在是得不償失，所以餐飲業者應該用心設計低價格的菜單，改善不良的服務態度，將餐廳經營成平民化、大眾化的用餐場所。另外，瞭解客人的用餐預算，也是一件非常重要的事，唯有掌握顧客的用餐經費，才能確定菜單項目的內容與品質。

五、考慮宴會的形態與場合

　　餐廳會依據宴會的舉辦形態與特性，而提供各式不同種類的菜色，此外，也會將菜式種類的比重做適當的調整，所以必須把握宴會的形式，才能據以決定適合的菜單。不同的宴會場合也有不同的特殊菜式，例如客人舉辦慶生宴會時，餐廳常會安排壽桃、壽麵以祝賀客人生日快樂。

六、考慮用餐者的人數與偏好

　　餐廳應該根據用餐者的人數而提供適中的菜餚份量，避免產生不足與過量之情形。西餐雖然是各吃各的，較不受到人數的影響，但是一旦發生人數過度的情況時，還是會有應接不暇的弊病產生，所以，餐廳應考慮採用較為方便製備與服務的菜式。用餐者的偏好也是餐廳應考量的重點之一，來店用餐的消費者各有不同的生活習慣，對於味道的選擇，也會因人而異，各有不同的喜好。如果經營者能瞭解顧客的偏好，則有助於菜餚與材料的選定。

七、考慮服務和製作的可能性

　　餐飲經營者應注意原料的供應情形、安全庫存量、廚房的設備、廚師的技藝、成品的製備時間以及服務人員的能力，才能開出最成功、最完美的菜單。

八、給予顧客最大的決定權力

　　每個人的要求皆不盡相同，只要能讓顧客滿意，而價格又能達到供需雙方的共識，那就可以算是最好的菜單。所以除非客人主動詢問服務人員的意見，否則服務人員不該擅自替客人做決定，應將最後的決定權留給顧客，有道是「顧客第一」。

第三章 菜單的結構

◆ 中餐菜單的特色

◆ 西餐菜單的特色

◆ 飲料單之製作

菜單是餐廳最重要的商品目錄。廚房人員根據它來準備食物材料，服務人員則以它為中心，來進行各項招待工作，以帶給客人滿意的服務，而顧客也要依賴菜單，才能正確地選擇自己喜愛的食物，所以認識菜單是餐飲經營者的責任之一。想要瞭解一份完整的菜單內容，首要步驟是掌握菜單的結構，因為菜單項目有一定的排列順序，本章將探討中餐菜單、西餐菜單及飲料單的分類架構。

中西式菜單的命名

　　一份製作精美的菜餚，必須搭配適當的名稱，其目的是讓廚師依照顧客所點的菜供應正確無誤的菜色，一方面也能增加顧客對餐廳內各項食物飲料的瞭解，所以菜單的命名相當重要，本節擬將中式菜單與西式菜單的命名方法加以陳述。

一、中式菜單的命名

　　中國菜系博大精深，飲食文化歷史悠久，可以追溯至先秦時代，菜單的內容琳瑯滿目，配菜的方法亦不勝枚舉，久而久之，形成了各種不同口味及蘊含當地特色的菜式，以下針對中式菜單的命名原則加以介紹說明。

(一)以人名命名

　　因某人聞名而流傳後世，菜名乃依照他們的名字來命名，如西施舌、東坡肉、李公雜碎、宮保雞丁、蘇式燻魚、左宗棠

雞、麻婆豆腐等。

(二)以地名命名

引用某個地名來爲菜單命名，用地名命名時，所做出的菜一定要符合當地的特色與風格。常見的有萬巒豬腳、成都子雞、徐州啥鍋、西湖醋魚、北平烤鴨、無錫肉骨頭、台南擔仔麵、山東大滷麵等。

(三)以材料命名

以主料－配料或配料－主料的名稱來命名。

(1)以主料－配料的名稱命名：如蚵仔卷、蝦仁鍋巴、蟹黃菜心、干貝蘿蔔球等。

(2)以配料－主料的名稱命名：如青椒牛肉、銀牙雞絲、腰果蝦仁、糖醋排骨、荷葉豆腐等。

(四)以形狀命名

以食物的形狀配上主要的材料加以命名，常見的有珍珠魚、荔枝肉、枇杷蝦、鳳還巢、木筆冬筍、芙蓉豆腐、珍珠丸子等。

(五)以色彩命名

利用食材的顏色命名，如三色蛋、炒四色、雪花雞、五彩蝦仁、四色湘蔬、三色冷盤等。

(六)以調味料命名

以調味的醬汁搭配主要的材料來命名，常見的有蒜泥白肉、酸辣湯、鹽酥雞、鹽酥蝦、怪味雞、紅油腰片、糖醋黃魚、酸辣墨魚、椒麻蝦球、茄汁明蝦、蜜汁火腿、奶油白菜等。

(七)以烹飪方法命名

按照食物材料的製作方法及技巧來命名，如清蒸魚、烤素

方、燴四色、蔥爆牛肉、鹽焗中蝦、煙燻鯧魚、乾燒明蝦、醬爆雞丁、紅燒甲魚、酥炸桃仁、涼拌海蜇、稀滷蹄筋、蔥焗鯽魚等。

(八)以盛放器皿命名

以盛放烹調食物的用具加以命名，常見的有砂鍋魚頭、什錦火鍋、竹節鴿盅、鍋燒河鰻、竹筒飯等。

(九)以吉祥用語命名

在一些特殊的場合中，如婚禮、祝壽、慶生等宴請酒席中，為了慶祝喜訊而將菜單名稱加以美化，求取吉祥之意，希望藉此博取好彩頭，我們在此類菜單中常見的有花好月圓、百鳥朝鳳、龍鳳串翅、遊龍戲鳳、步步高昇、金玉滿堂等。

(十)以菜餚諧音命名

為了迎合顧客喜慶之場合，菜單設計者會引用食物材料諧音，來帶動會場氣氛，例如在喜宴上供應紅棗蓮子湯，藉以比喻新婚夫婦早生貴子，圓滿幸福。

二、西式菜單的命名

西式菜單一般以食物的口味、材料、產地、顏色、部位、外形、烹調方法、供應溫度及組織特徵來命名，茲說明如下：

(一)以口味命名

由菜單上的命名，就可以知道食物的味道及所使用的調味用品，例如：

(1)Sweet-sour Pork（酸甜豬肉）。

(2)Sour Apple Pie（酸味蘋果派）。

(3)Snails Chill Sauce（辣味風螺）。

(4)Cild Corned Beef（鹹拓牛肉）。

(5)Barbecue Chicken（野味燒雞）。

(二)以材料命名

寫明菜餚所用的材料，以這些材料來命名，例如：

(1)Shrimp Toast（蝦仁土司）。

(2)Cheese Cake（起司蛋糕）。

(3)Seafood Salad（海鮮沙拉）。

(4)Clear Clam Soup（蛤蜊清湯）。

(5)Cream Chicken Asparaguse Soup（奶油雞肉筍湯）。

(三)以食物產地命名

依照食物的來源或產地特色來命名，例如：

(1)French Omelet（法式蛋捲）。

(2)Swiss Steak（瑞士牛排）。

(3)Italian Macaroni（義大利通心麵）。

(4)Frankfurter Sausage（德國香腸）。

(5)Hawaiian Chicken Tariyaki（夏威夷雞肉串）。

(四)以食物色彩命名

寫明食物的顏色，讓顧客對菜餚有更深切的認識，例如：

(1)Black Red Caviar（黑紅烏魚子）。

(2)Black Bean Soup（黑豆湯）。

(3)Angel Food Cake（白色點心）。

(五)以食材部位命名

利用動物或植物的某些部位來烹調各式不同口味的菜餚，
菜單命名就是依循所使用的部位等級來定義，例如：

(1)Filet Mignon（腓力牛排）。

(2)Potage Ox-Tail（牛尾濃湯）。

(3)Roast Sirloin of Beef（珍烘沙朗牛肉）。

(4)Crab Meat Chowder（蟹肉巧達湯）。

(5)Barbecue Chicken Wing（野味雞翅）。

(六)以食材外形命名

根據材料的切割形狀，將菜餚加以命名。例如：

(1)Cabbage Roll（包菜卷）。

(2)Diced Carrot（方塊紅蘿蔔）。

(3)Ribbon Sandwiches（條狀三明治）。

(4)Shredded Tomato Salad（細片番茄沙拉）。

(七)以烹調方法命名

依照食物的製備方式及烹飪技巧來命名，例如：

(1)Fried Chicken（炸雞）。

(2)Scrambled Egg（炒蛋）。

(3)Baked Potato（烤馬鈴薯）。

(4)Onion Au Gration Soup（焗洋蔥湯）。

(5)Ham & Egg Fried Rice（火腿蛋炒飯）。

(八)以供應溫度命名

寫明食物的溫冷程度，用溫度來加以命名，例如：

(1)Assorted Cold Cut（什錦冷盤）。

(2)Chilled Apple Juice（冷藏蘋果汁）。

(3)Hot Cranberry Punch（熱小紅莓）。

(4)Hot Tomato Bouillon（熱羅宋肉汁濃湯）。

(5)Clam Meat Cocktail Sauce（冷醃蛤蜊）。

(九)以組織特徵命名

依照食物的特徵及組織狀況加以命名，例如：

(1)Creamed Mushroom（奶油洋菇）。

(2)Mixed Fried Rice（什錦炒飯）。

(3)Corned Ox-Tongue（拓鹹牛舌）。

(4)Breaded Fried Prawn（粉炸明蝦）。

(5)Smoked Filet of Fish（煙鮮香魚）。

中餐菜單的特色

　　中餐菜單變化多端，菜餚項目十分豐富，因此在設計一張合適的中餐菜單之前，餐廳人員必須對菜單結構及餐桌擺設有深切的瞭解，才能提供正確且完善的餐飲服務。

一、中餐菜單的結構

　　我們在日常生活的飲食習慣上，並不會拘泥於任何特定的配菜規矩，但是在宴會酒席裡，菜單則有一定的模式。由古代的文獻記載得知，當時的菜單結構與現代宴席菜單相去甚遠，有著很大的差異，尤其是近幾年來，中餐受到西方潮流的影響，產生莫大的衝擊，進而改變人們的飲食方式。

(一)古代宴會菜單

　　我們發現在明代晚期的文獻中，曾經記載元代與明代的普通宴會菜單，這種菜單只限於「五果、五按、五蔬、五湯」。

(1)五果：係指五種水果。

(2)五按：係指五種魚肉類。

(3)五蔬：係指五種蔬菜。

表3-1　宴會菜單的內容

組　　別	內　　容	說　　　　明
第一組	冷　盤	係指涼的酒菜
第二組	熱　炒	係指熱的酒菜
第三組	主　菜	宴席主要部分
第四組	甜　菜	利口解膩佳品
第五組	點　心	是主菜的配料
第六組	湯　類	彌補不足之感
第七組	水　果	用來幫助消化

（4）五湯：係指五種羹湯。

（二）現代宴會菜單

　　現今一般的宴席平均以十至十二人爲一桌，每桌提供十二至十四道菜餚，所有菜色主要是由冷盤、熱炒、主菜、甜菜、點心、湯類、水果等七組項目構成（**表3-1**）。

1.冷盤

　　又稱爲冷拼、冷碟、冷葷、拼盤、涼菜或開胃菜。具有開胃佐酒之功用，需在開席前放置於餐桌上，數量可以是一盤、二盤、三盤或四盤，格局沒有一定的限制。因爲份量較少的關係，如果能同時將準備妥當的冷盤一起擺在桌上，比較不會給人單薄的感覺，也有助於顯現這些開胃菜的色香味。一般而言，冷盤造型優美，色調豔麗，層次多變化，圖案非常立體逼眞，主要的目的是增進顧客食慾，亦可作爲飲酒之配料，實爲不可多得的下酒菜。宴席中的冷盤一般多爲「什錦拼盤」、「花色冷拼」、「雙拼」、「單拼」等。

2.熱炒

　　亦稱爲熱菜或熱葷。餐廳通常提供二至四道熱炒，是宴席

中不可缺少的項目之一，熱菜口味變化多端，造型引人入勝，可以用來配飯或飲酒，多以煎、炒、烹、炸、爆等快速烹調方法製成，受到許多顧客的喜愛。

3.主菜

是宴席中最重要的組成部分，缺少主菜，便無法凸顯此次宴席的舉辦性質及目的，也不能算是一份完整的宴席菜單，由此可知，主菜是宴席菜單的重頭戲，更是宴席菜單的精華所在。主菜內容包括乾貨、海鮮、禽肉、畜肉、素菜及魚類等六個項目。

（1）乾貨類：菜色以南北乾貨為主要材料，如魚翅、海參、鮑魚、干貝等。在宴會菜單中常見的有「原盅排翅」、「大燴海參」。

（2）海鮮類：用魚以外的其他海鮮產品為主要材料，如蝦、蛤蜊、花枝、蟹肉等，其中以蝦最為流行。在宴會菜單中常見的有「鳳尾明蝦」、「鮑魚三白」。

（3）禽肉類：以雞、鴨、鵝、鴿為主要材料，在宴會菜單中常見的有「八寶全鴨」、「香酥乳鴿」等。

（4）畜肉類：以豬、牛、羊為主要材料的菜餚，在中餐菜單中常可見到「紅燒蹄膀」、「燒牛腩」、「炸里肌」等。

（5）素菜類：以蔬菜或豆類製品為主要材料的菜餚，在中餐菜單中最常見到「三色白菜」、「蠔油三菇」等。

（6）魚貨類：以海水魚或淡水魚為主要材料，魚類殿後的原因是取其諧音「年年有餘」之意，希望用餐者皆能藉此感染吉祥氣氛。但上海菜亦有於中途出魚的習慣，可能是受到西餐出菜順序影響所致，不過有些廚

師喜歡將魚提前供應，避免客人在吃飽之際才出魚，而發生吃不到一半就停筷的情形，未免過於浪費。

4.甜菜

　　甜菜在宴席中所佔的比重雖然不大，但仍不可缺少此類菜餚。一般常利用凍晶、掛霜、蜜汁、拔絲等方法製成，是爽口、解膩的佳品，餐廳可以準備一至二盤甜菜，供客人品嚐。

5.點心

　　點心是主菜的配角，隨主菜上桌，通常是一些糕、粉、團、麵、餃、包等製品。餐廳對於點心的製作要求非常高，一般都以精緻細膩著稱，甚至在某些高級宴會場合還會配製花色點心，將點心做各種巧妙變化，圖像惟妙惟肖。一般而言，一桌筵席可配二道點心甚至更多，餐廳可視宴會主人的喜好而予以彈性增加或減少。點心可分為兩種，一是甜點心，二是鹹點心。

6.湯類

　　中國人吃飯總要有湯，否則會有不足之感，所以湯在筵席中佔有相當重要的地位，不可缺少。每當我們吃完一頓豐富的佳餚後，若能即時喝上一兩口鮮湯，一種清口潤喉、通體舒暢之感油然而生，實在是人生一大享受。宴席上所準備的湯品強調清淡鮮美、香醇利口，尤以清湯為佳。

7.水果

　　愈來愈多的宴席場合備有水果，方便客人在所有食物用畢之後，吃些水果來幫助消化，因為水果具有解膩、清腸、利口、潤喉及解酒等作用。

(三)中餐上菜的習慣

　　宴席菜餚上桌的順序，因各地的習慣而不盡相同，但一般

普遍的做法仍是依循下列六項原則：

(1)先冷盤後熱炒。

(2)先菜餚後點心。

(3)先炒後燒。

(4)先鹹後甜。

(5)先味道清淡鮮美，後味道油膩濃烈。

(6)好的菜餚先上，普通的後上。

二、中餐餐桌的擺設

所謂餐桌擺設（Table Setting）是指客人所使用的餐具擺放在餐桌上的設置情形（圖3-1）。每種菜餚會使用各種不同的餐具，所以餐廳服務人員應熟記各式特殊餐具的作用，才能為客人提供最佳的服務品質。

(一)骨盤

(1)作用：放置骨頭或碎屑的盤子，可做為準位用。

(2)位置：骨盤置於餐位正中央，離桌緣一公分之處。

(3)拿法：拿骨盤時，應該用拇指扣住盤緣，其餘四指置於盤底，勿將拇指伸入盤內。

(4)距離：餐桌上所放置的骨盤，間距必須相等。

(二)筷子

(1)配件：通常附有筷套，筷子上的文字與標誌應朝上。

(2)位置：置於骨盤右側五公分處之筷架上，筷子尾端離桌緣約一指寬幅。

(3)作用：銀器服務者皆備有小龍頭架，可作為筷架與湯匙架之用途。

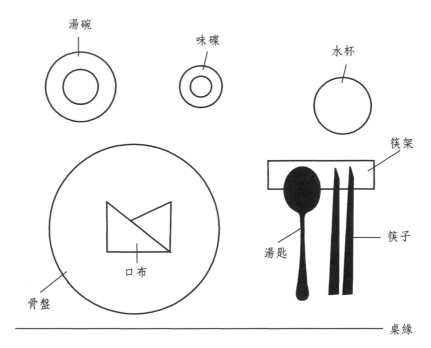

圖3-1　中餐餐桌之擺設

(三)水杯

(1)位置：置於筷子的上方，即骨盤右上方45度角。

(2)拿法：擺設時手執杯底或杯腳處。

(3)作用：白開水的功能在於調整口中味覺，以便繼續享用
　　　下一道菜餚。

(四)味碟

(1)位置：置於骨盤的右上方。

(2)距離：味碟與骨盤的間距約二公分。

(五)湯碗

(1)位置：應將湯碗置於味碟的左側，並與味碟平行擺放。

(2)特殊狀況：若是貴賓服務的餐廳，因有專人負責，所以

免擺湯碗。

(六)湯匙

(1)位置：直放於筷架左側之位置上，與筷子平行，匙口朝下。

(2)特殊狀況：若是銀器服務，所用湯匙為西式的大圓湯匙，此時應將湯匙置於筷子的右側，與筷子共用一個龍頭架。

(七)口布

(1)位置：置於骨盤中央。

(2)其他服務：在高級的餐廳，還會供應客人濕或熱毛巾，開席時由服務人員直接夾到客人手上。

(八)酒杯

(1)種類：酒杯通常指的是紹興酒杯，容量約為1盎司。

(2)位置：置於水杯的右側偏下方。

(九)菜單

(1)位置：訂席菜單如為每人一份，則置於骨盤上方。

(2)擺設：一般餐廳通常將菜單置於轉盤上，並將內頁朝向客人。

(十)其他

(1)公杯：為方便分酒之用，每桌放置二至四個。

(2)茶杯：方便客人喝茶時使用。

(3)花盆：一般將花飾置於轉盤的正中央。

(4)煙灰缸：原則上是二人共用一只煙灰缸，置於兩個座位之間。

(5)牙籤盅：置於桌面的中央，牙籤盅內之牙籤盛裝六分滿即可。

西餐菜單的特色

西餐菜單包羅萬象，精緻美味，對食物材料的品質要求非常嚴格，尤其著重服務人員的素養，所以享受一套完整的西式餐飲，可得到視覺、嗅覺、味覺與觸覺上的滿足。本節就西餐菜單的結構與餐桌擺設加以介紹，並說明如下：

一、西餐菜單的結構

關於西餐菜單的內容，有多種不同的說法，很難斷定誰是誰非，不過，綜合來說，西餐菜單還是有其一定的順序可循，以下將介紹傳統及新式西餐菜單的編排項目。

(一)傳統的西餐菜單

傳統的西餐菜單結構包含冷前菜、湯類、熱前菜、魚類、大塊菜、熱中間菜、冷中間菜、冰酒、爐烤菜附沙拉、蔬菜、甜點、開胃點心及餐後點心等十三個項目，種類繁雜，茲將各個項目詳細說明之。

1.冷前菜（Hors d'Oeuvre）

    (1)名稱：亦稱為開胃菜（Appetizer）。

    (2)功能：列於第一道菜，是因其具有開胃之作用。

2.湯類（Potage）

    (1)作法：湯是指用深鍋（pot）所煮出來的食物，英文名稱為soup。

(2)種類：有清湯與濃湯兩類，供客人自由選擇。

(3)用途：湯亦屬開胃品的一種。

(4)原則：國內餐廳習慣將麵包隨湯而上桌的作法是不對的，實際上麵包應和主菜一起食用，其用意如同東方人的米飯。

(5)配料：隨湯而出的應是鹹脆餅乾（cracker）。

3.熱前菜（Hors d'Oeuvre Chaud）

(1)擺設：任何一種可盛於小盤上的熱菜。

(2)排序：若有以蛋、麵或米類為主所製備的菜餚，則可排在湯之後，魚之前。

4.魚類（Poisson）

(1)名稱：英文名為Fish course。

(2)排序：被排在家畜肉之前。

(3)內容：除魚類產品外，另包含蝦、貝類等其他水產食品。

5.大塊菜（Gross Piece）

(1)名稱：英文名為Meat course。

(2)內容：大塊菜皆以家畜肉為主。

(3)作法：以整塊家畜肉加以烹調，並在客人面前切割分食。

6.熱中間菜（Entrée Chaud）

(1)作法：材料必須切割成小塊後，才能加以烹煮。

(2)特色：烹調時不受數量的限制。

(3)排序：中間菜的上菜順序介於大塊菜與爐烤菜之間。

(4)內容：中間菜是西餐的主菜，不可缺少。

7.冷中間菜（Entrée Froid）

(1)作法：材料切割成小塊後，再加以烹煮。

(2)特色：烹調時不受數量的限制。

(3)排序：上菜順序介於大塊菜與爐烤菜之間。

8.冰酒（Sorbet）

(1)作法：是一種果汁加酒類的飲料，並在冷凍過程中予以
攪拌，製成狀似冰淇淋的冰凍物，相當於我們俗稱的
「雪波」或「雪泥」。

(2)功能：可調整客人口中的味覺，並讓用餐者的胃稍作休
息。

9.爐烤菜（Roti）附沙拉（Salad）

(1)名稱：爐烤菜英文爲Roast。

(2)內容：皆以大塊的家禽肉或野味爲主。

(3)特色：可說是大塊菜的補充，更有人認爲是全餐中味道
之高峰。

10.蔬菜（Legume）

(1)功能：一般皆將蔬菜當作主菜盤中的「裝飾菜」
（Garniture）。

(2)目的：增加主菜的色香味。

(3)效果：均衡用餐者的營養，亦可搭配主菜的顏色，使餐
盤成爲賞心悅目的圖畫。

11.甜點（Entremets）

(1)內容：以甜食爲主，冰淇淋也包含在內。

(2)種類：包括熱的和冷的兩種。

12.開胃點心（Savoury）

(1)口味：英國人的最愛，內容同於熱前菜，只是味道更
濃。

(2)內容：酒會常見的Canepe（係指在小塊土司上放置不同食物的小點心）屬於此類。

(3)其他：吉士（Cheese）亦為開胃點心的一種。

13.餐後點心（Dessert）

(1)意義：法文Dessert的意思是指「不服務了」，此道菜餚一出，就表示所有的菜已全部服務完畢。

(2)內容：餐後點心僅限於水果或者是餐館於餐後奉送給客人的小甜點、巧克力糖而已。

（二）新式的西餐菜單

新式的西餐菜單結構包括前菜類、湯類、魚類、主菜類或肉類、冷菜或沙拉、點心類及飲料等七個項目。

1.前菜類（Hor d'Oeuvre）

(1)名稱：也稱為開胃菜、開胃品或頭盤，是西餐中的第一道菜餚。

(2)特色：份量少，味清新，色澤鮮艷。

(3)功能：具有開胃、刺激食慾的作用。

(4)內容：現代歐美常見的開胃菜有雞尾酒開胃品、法國鵝肝醬、俄國魚子醬、蘇格蘭鮭魚片、各式肉凍、冷盤等。

2.湯類（Soup）

(1)性質：湯與其他菜的特性不同，故應予以保留。

(2)功能：具有增進食慾的作用，不吃開胃菜的客人可先來一碗湯。

3.魚類（Fish）

(1)性質：魚類與其他菜餚的特性不同，故應予以保留。

(2)排序：可視為湯類與肉類的中間菜，味道鮮美可口。

4.主菜類（Middle Course）或肉類（Meat）

    (1)特色：西餐的重頭戲，烹飪方法較爲複雜，口味也最獨特。

    (2)內容：材料通常爲大塊肉、魚、家禽或野味。

    (3)性質：以肉食爲主的主菜必須搭配蔬菜使用，原因有二，一是減少油膩，二是增加盤中色彩。常用的配菜爲各色蔬菜、馬鈴薯等。

5.冷菜或沙拉（Salad）

    (1)目的：生菜可補充身體所需的植物纖維素及維生素，因此將生菜做成各式沙拉，可符合節食及素食者的需要。

    (2)功能：可當作主菜類的裝飾菜。

6.點心類（Dessert）

    (1)功能：美味香醇的甜點可補足口舌之慾。

    (2)內容：點心主要項目包含各色蛋糕、西餅、水果及冰淇淋。

7.飲料（Beverage）

    (1)內容：以咖啡、果汁或茶品爲主。

    (2)特色：以往飲料供應皆以熱飲爲主，現今爲順應時代潮流亦有供應冷飲。

(三)傳統與新式西餐菜單兩者之比較

    雖然傳統西餐菜單比新式西餐菜單的種類更爲繁瑣，但依一般西餐的用餐原則，仍可歸納出主要的分類項目，茲將兩者之間的關係彙整如**表3-2**。

(四)西餐上菜的順序

    從美食的觀點來看，菜單的上菜順序應該依照味覺排列，以下是排列的四項原則。

表3-2　傳統與新式西餐菜單對照表

傳　統　西　餐　菜　單	新　式　西　餐　菜　單
1.冷前菜（Hors d'Oeuvre Froid） 2.熱前菜（Hors d'Oeuvre Chaud） 3.開胃點心（Savoury）	1.前菜類（Hor d'Oeuvre）或開胃 菜（Appetizer）
4.湯類（Potage）	2.湯類（Soup）
5.魚類（Poisson）	3.魚類（Fish）
6.大塊菜（Gross Piece） 7.熱中間菜（Entree Chaud） 8.冷中間菜（Entree Froid） 9.爐烤菜（Roti）附沙拉（Salad）	4.主菜類（Middle Course）肉類 （Meat）
10.蔬菜（Legume）	5.冷菜或沙拉（Salad）
11.甜點（Entremets） 12.餐後點心（Dessert）	6.點心類（Dessert）
13.冰酒（Sorbet）	7.飲料（Beverage）

(1)菜餚口味由淡轉濃。

(2)菜餚溫度由涼轉熱。

(3)菜餚溫度再由熱回涼。

(4)最後由涼結束於熱飲。

二、西餐餐桌的擺設

　　西餐餐具種類繁多，每道菜餚都有其專門的特殊餐具，所以在餐桌擺設前，應該熟記各種餐具的用法，才能將事前準備工作做到完善。每家餐廳或許會有不同的擺設規定，但服務的基本原則是不變的。

（一）基本原則

　　西餐餐桌擺設的基本原則有下列幾項：

(1)餐具擺設美觀。

(2)顧客取用方便。

(3)服務人員服務便利。

(4)餐廳有統一的標準。

(5)左放叉，右放刀或匙。

(6）左右餐具先外後內。

(7)點心餐具放在最上方。

(8)點心餐具先內後外。

(9)叉齒及匙面朝上。

(10)相同餐具不重複出現。

(11)特殊餐具不預先擺放。

(12)每一邊的餐具不超過三件。

(13)刀直擺時刀刃朝左，橫擺時刀刃朝下。

(14)酒杯之擺放，以不超過四個為限。

(15)酒杯的大小及形狀，最好不要過於雷同。

(16)酒杯之排列，容量最大者放在左邊，最小者放在右邊。

(二)西餐單點菜單的餐桌擺設（圖3-2）

(1)服務盤：擺在座位的正前方中央處。

(2)口布：擺在服務盤的正中央。

(3)餐刀：置於口布之右側。

(4)餐叉：置於口布之左側。

(5)麵包盤：

　　A.擺在餐叉之左側。

　　B.麵包盤上應放置奶油刀。

(6)水杯：擺在餐刀的正上方。

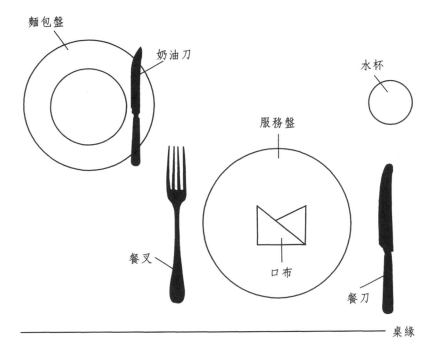

麵包盤

奶油刀

水杯

服務盤

餐叉

口布

餐刀

桌緣

圖3-2　單點菜單餐桌之擺設

(三)西餐全餐菜單的餐桌擺設（圖3-3）

1.服務盤

　　(1)擺在餐位的正前方，離桌緣一公分之處。

　　(2)服務盤上如有圖案或店徽則須對正。

2.餐刀

　　(1)擺在服務盤之右側。

　　(2)餐刀距離服務盤約有半公分。

　　(3)刀子尾端離桌緣一公分。

3.餐叉

　　(1)置於服務盤之左側。

　　(2)餐叉距離服務盤約半公分。

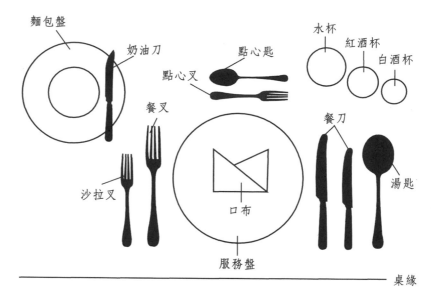

圖3-3　全餐菜單餐桌之擺設

　　(3)叉子尾端離桌緣一公分。

4.沙拉叉

　　(1)放在餐叉之左側。

　　(2)距離餐叉約半公分處。

　　(3)沙拉叉尾端離桌緣一公分。

5.湯匙

　　(1)置於餐刀之右側。

　　(2)湯匙下端離桌緣約一公分。

　　(3)餐刀、餐叉、沙拉叉及湯匙尾端應距離桌緣一公分並相
　　　　互對齊。

6.點心叉、匙

　　(1)點心叉擺在服務盤上方半公分處，叉柄向左。

(2)點心匙擺在點心叉的上方，匙柄向右。

7.麵包盤

(1)擺在沙拉叉左側半公分處。

(2)離桌緣約十公分。

8.奶油刀

(1)有二種擺法，一是直著擺放於麵包盤上靠右，約為盤的
1/4處。

(2)二是橫著擺在麵包盤的上半邊。

9.杯子

(1)紅酒杯擺在餐刀的正上方。

(2)水杯置於紅酒杯左斜方。

(3)白酒杯置於紅酒杯的右斜方下側。

10.口布

(1)擺在服務盤上中央位置。

(2)有時會因為不同的口布折法而擺放位置不同。

飲料單之製作

　　人們在用餐、娛樂時都喜歡配些飲料，享受一杯在握的樂趣，中國人常說「酒足飯飽」的飲食哲學，便是這個道理。既然餐食和飲料是分不開的，因此許多餐廳就會在菜單的篇幅裡加上飲料的介紹，或者是另外製作一套飲料單（Beverage List），更有系統地說明餐廳提供的各式酒類和飲料。本節擬將飲料單之涵義、分類、內容及售價等加以敘述。

一、飲料之涵義

飲料單不僅是餐廳增加營業收入的重要手段,更是菜單銷售的輔助工具。因此,餐飲管理人員應充分掌握酒水知識,做好飲料單的設計與規劃。

我們可以將飲料定義如下:

(1)飲料是指可以喝的東西。

(2)飲料單的英文稱爲Beverage　List。

(3)飲料(Beverage)和餐食(Food)放在一塊,便是所謂的餐飲F&B(Food　&　Beverage)。

(4)一般餐廳所販售的飲料,大致上可分爲兩大類:

　　A.現成的飲料。

　　B.自行調配的飲料。

二、飲料之分類

飲料的分類方法大致可歸納爲五種:第一種是按照酒精成份的有無分類;二是依釀製的方法分類;三是按照造酒的材料來分類;四是按飲用溫度來分類;五則是依飲用時間分類。

(一)按照酒精成份的有無分類

按照酒精成份的有無可分爲酒精性飲料(Alcoholic Beverage)和非酒精性飲料(No　Alcoholic　Beverage)二種。

1.酒精性飲料(Alcoholic　Beverage)

即飲料成份中含有酒精,又可分爲高濃度酒精飲料、中濃度酒精飲料及低濃度酒精飲料三類。

(1)高濃度酒精飲料：係指酒精成份較高的蒸餾酒，酒精濃度在40度以上，例如各類白酒和伏特加酒均屬於此類。

(2)中濃度酒精飲料：係指酒精成份在20度至40度之間的酒，稱爲中濃度酒，大部分的藥酒、露酒均爲此類，例如竹葉青、五加皮酒、白蘭地酒和威士忌酒等。

(3)低濃度酒精飲料：指酒精成份較低的酒，酒精濃度在20度以下，例如啤酒、水果酒、葡萄酒等多爲低濃度酒。

2.非酒精性飲料（No Alcoholic Beverage）

　　非酒精性飲料又稱爲Soft　Drinks，可分爲果汁飲料類、碳酸飲料類、乳品飲料類及含咖啡因飲料類等四種。

(1)果汁飲料類：果汁飲料的種類繁多，又分爲下列十五種。

　A.濃縮果汁：不可加糖、色素、香料及防腐劑。

　B.純天然果汁：指不經稀釋及醱酵過程之純鮮果汁。

　C.稀釋天然果汁：含天然果汁30% 以上，可另外加糖、檸檬酸等。

　D.果汁飲料：含天然果汁6% ～30% 之飲料。

　E.天然果槳：水份含量低，將甜度較高之果實壓碎並過濾，而得到稠狀之加工品。

　F.醱酵果汁：水果經過醃漬發酵後，壓榨所得到的果汁。

　G.稀釋醱酵果汁：醱酵果汁含量30% 以上者。

　H.醱酵果汁飲料：醱酵果汁含量6% ～30% 之間者。

　I.天然蔬菜汁：由新鮮蔬菜經壓榨或過濾而得之汁液。

　J.稀釋天然蔬菜汁：蔬菜汁含量在30% 以上者。

　K.蔬菜汁飲料：指蔬菜汁含量在6% ～30% 之間。

L.綜合天然果菜汁：將天然果汁與蔬菜汁混合而成的液體飲料。

M.綜合果菜汁：將綜合天然果菜汁加以稀釋至果菜汁含量在30% 以上者。

N.綜合果菜汁飲料：指綜合天然果菜汁含量在6% ～30% 之間。

O.濃縮果漿：指加入糖、香料及安定劑等稀釋之飲料。

(2)碳酸飲料類：碳酸飲料是由碳酸氣體及各種不同香料、水份、糖漿、色素等混合而成的飲料，飲用時給人清涼暢快之感，所以又稱為「清涼飲料」，可分為：

A.不含香料之碳酸飲料：如蘇打水。

B.含有香料之碳酸飲料：如蘋果西打、橘子汽水等。

(3)乳品飲料類：常見的乳品飲料有鮮奶、乳飲及發酵乳飲等三種。

A.鮮奶：大部分的鮮奶都經過巴氏消毒過程。所謂的巴氏消毒是指將牛奶加熱至攝氏60至63度，並維持此溫度三十分鐘，然後才進行冷卻步驟。鮮奶飲料包括脫脂牛奶、強化牛奶及調味牛奶三種。

(a)脫脂牛奶（Skin milk）：是指將牛奶中的脂肪含量去除。

(b)強化牛奶（Fortified milk）：在牛奶中添加各種脂溶性維生素A、B、D、E等營養成份。

(c)調味牛奶（Flavored milk）：在牛奶中增加具有獨特風味的材料，藉此改變牛奶的原始味道。最常見的是巧克力牛奶。

B.乳飲：是指牛奶中脂肪含量較高的飲料，一般脂肪數

約在10% ～40% 不等。

C.醱酵乳飲：包含酸乳及優酪乳。

(a)酸乳（Sour cream）：在牛奶中加入乳酸菌，待醱酵
後再添加特定的甜味香料，使其具有草莓、蘋果等
特殊風味的乳酸飲料。

(b)優酪乳（Yoghurt）：將新鮮牛奶消毒殺菌後，植入
乳酸桿菌，並添加適量的白糖，然後經醱酵、凝
固、冷藏程序而成的固體成分。

(4)含咖啡因飲料類：含咖啡因的飲料以咖啡及茶最具代表性。

A.咖啡

(a)藍山（Blue Mountain）：是咖啡中的極品，味道清
香甘美柔順。

(b)牙買加（Jamaica）：味道優雅甘醇，僅次於藍山。

(c)摩卡（Morch）：具有獨特的香味及甘酸風味，是單
品飲用的理想品種。

(d)哥倫比亞（Columbia）：香醇厚實、甘酸滑口，有
種奇特的地瓜皮風味。

(e)巴西聖多斯（Brazil Santos）：輕香略甘苦，屬於中
性豆。

(f) 曼特寧（Mandeling）：是調製綜合咖啡的理想品
種，濃香苦烈，醇度特強。

(g)綜合咖啡（Mixed）：用二種以上的咖啡豆混拌製
成。

B.茶

(a)不醱酵茶：一般稱為「綠茶」，例如龍井、碧螺春
等。

(b)半醱酵茶：常見的有烏龍茶、水仙、鐵觀音等。

(c)全醱酵茶：指的是紅茶。

(二)按照釀製的方法分類

根據不同的釀製方法，可將飲料分為蒸餾酒、釀造酒及合成酒三種。

1.蒸餾酒

指材料先經醣化醱酵，再加以蒸餾、儲存所製成的酒。

(1)蒸餾酒的酒精濃度約在40度至95度之間。

(2)是調製雞尾酒的基本用酒，所以又稱為「基酒」。

(3)包含威士忌（Whisky）、白蘭地（Brandy）、伏特加（Vodka）、琴酒（Gin）、蘭姆酒（Rum）及龍舌蘭酒（Tequila）等。

2.釀造酒

係指將水果、穀類等原料，經過醣化、醱酵、浸漬、過濾及儲藏等步驟而製成的酒。

(1)酒精濃度約在15度至20度之間。

(2)製酒方法天然，營養成份較高，適量飲用有益健康。

(3)包含各種葡萄酒、水果酒及啤酒等。

3.合成酒

係以烈酒為基酒，再加上一定比例的糖、香料、果實、蜂蜜、藥材等加工配製的酒。

(1)酒精濃度視酒類成份而定。

(2)合成酒又稱為再製酒，係以基酒加上其他材料所製成的酒。

(3)「香甜酒」亦屬於合成酒的一種，味道香醇甜淡可口，是調製雞尾酒不可或缺的配料。

(4)包含香甜酒、五加皮酒及各種藥酒。

(三)按照造酒的材料分類

根據酒類的製造材料，可將飲料分為：白酒、黃酒、果酒、啤酒及藥酒等五項品種。

1.白酒

以穀物及澱粉製品為材料。白酒的特性如下：

(1)用酒麴為醱酵劑而釀成的酒。

(2)酒精濃度在30度以上者。

(3)白酒無色透明，味道香醇厚實。

2.黃酒

黃酒係以糯米、黍米為主要材料，並具有下列特性：

(1)利用酒漿中多種黴菌、酵母菌的醱酵作用而釀製的酒。

(2)酒精濃度在12度至18度之間。

3.果酒

以糖份較高的水果為主要材料。果酒的特性為：

(1)酒精濃度大約15度左右。

(2)包含葡萄酒、山楂酒、蘋果酒、草莓酒等。

4.啤酒

以麥芽、蓬萊米及酒花為材料。啤酒具有下列特質：

(1)利用酵母菌醱酵作用釀成的酒。

(2)酒精濃度2至5度左右。

(3)啤酒營養價值高，含有豐富的蛋白質。

5.藥酒

藥酒是以各種藥材為主要原料，其特色為：

(1)酒精濃度頗高，約在20度至40度之間。

(2)屬於此類的有五加皮酒、參茸酒等。

(四)按照飲用溫度分類

根據飲料的飲用溫度，可將飲料分為熱飲（Hot　Drinks）與冷飲（Cold Drinks）兩大類。

1.熱飲（Hot Drinks）

 (1)飲用溫度約在60至80℃之間。

 (2)如咖啡、牛乳及熱茶等。

2.冷飲（Cold Drinks）

 (1)飲用溫度約在5至6℃之間。

 (2)如碳酸飲料、新鮮果汁等。

(五)按照飲用時間分類

根據客人飲用酒水的習慣與時間，可將飲料分為餐前開胃酒、餐間酒及餐後酒三種。

1.餐前開胃酒

 (1)係指客人在用餐之前所飲用的酒或飲料。

 (2)具有開胃、促進食慾之功能。

 (3)常見的有雞尾酒、調和酒或啤酒。

2.餐間酒

 (1)客人在用餐期間所喝的酒或飲料，又稱為佐餐酒。

 (2)搭配各種食物來飲用，更能顯現食物的美味。

 (3)餐間酒與食物的搭配原則有下列四項。

  A.香檳酒：任何時機皆可。

  B.玫瑰紅酒：宜搭配海陸餐。

  C.紅酒：宜搭配紅肉，如牛、羊、豬等。

  D.白酒：宜搭配白肉或海鮮食品，如雞、魚、蝦等。

3.餐後酒

 (1)係指客人在食物用畢後所飲用的酒。

(2)可幫助消化，減緩腸胃的負擔。

(3)以白蘭地、利口酒、波特酒或熱飲料爲主。

三、飲料單的內容

　　餐飲業者往往根據餐廳本身的性質、規模大小及客源數目，而提供各種不盡相同的飲料單。一般而言，飲料單可以歸納爲下列五種，即全系列酒單、宴會酒單、限制酒單、酒吧飲料單及客房服務飲料單。

(一)全系列酒單（Full Wine Menu）

　　消費能力較高的旅館及餐館會提供此類飲料單給顧客，因爲這些顧客的用膳時間長且消費金額高。此種飲料單的特色是將所有飲品分爲葡萄酒單和飲料單兩種，並印製成一本小冊子，以方便客人使用。

1.葡萄酒單（Wine List）

　　餐廳提供世界各地著名的葡萄酒，以滿足此類愛好者的需求（**表3-3**）。一般而言，葡萄酒單的內容分類如下：

(1)招牌酒（House Wine）。

(2)香檳（Champion）。

(3)氣泡酒（Sparkling）。

(4)柏根弟（Burgundy）。

(5)玫瑰紅（Rose）。

(6)波爾多（Bourdeaux）。

(7)德國酒（German Wine）。

(8)加州酒（California Wine）。

(9)義大利酒（Italian Wine）。

表3-3　葡萄酒單

House wines

Mallinson rouge
Mallinson blanc

Champagne

Bollinger non vintage

Sparkling

Asti Spumante

Red Burgundy

Moulin au Vent 1986
Côtes de Beaune Villages 1984
Nuits St Georges Les Caillerets 1982

White Burgundy

Chablis La Fourchaume 1986
Pouilly Fuissé 1986

Rosé

Taval, from the Rhône Valley

Red Bourdeaux

St Emilion 1986
Côtes de Bourg AC 1985
Médoc AC 1984

White Bourdeaux

Château Oliver 1985
Sauternes AC 1986

German wines, Hock & Mosel

Hans Christof 1987
Bereich Nierstein 1988
Bereich Bernkastel 1987

資料來源：高秋英，《餐飲服務》，p.100.

2.飲料單（Beverage List）

　　飲料單上所列的酒係指除了葡萄酒以外的其他飲料，我們可以按照下列順序一一為客人介紹。

　　(1)開胃酒（Aperitif）。

　　(2)雪莉酒（Sherry）。

　　(3)波特酒（Port）。

　　(4)威士忌（Whisky）。

　　(5)伏特加（Vodka）。

　　(6)琴酒（Gin）。

　　(7)龍舌蘭（Tequila）。

　　(8)甘邑白蘭地（Cognac）。

　　(9)亞曼尼克白蘭地（Armagnac）。

　　(10)甜酒（Liqueur）。

　　(11)啤酒（Beer）。

　　(12)雞尾酒（Cocktail）。

　　(13)果汁（Fruit Juices）。

　　(14)礦泉水（Mineral Water）。

(二)宴會酒單（ Banquet / Function Menu ）

　　宴會酒單是指在各種不同的宴席場合中，餐廳提供給客人觀賞的飲料單。

　　(1)宴會型態不同，餐廳提供的飲料單項目也會不同。

　　(2)國內宴席上最常見的有紹興酒、啤酒、汽水和果汁等（**表**3-4）。

(三)限制酒單（Restricted　Wine　Menu）

　　餐廳在飲料單上只列出部分項目供客人點用，而未將所有飲料內容詳細標示。

表3-4 宴會酒單

酒類 (BEVERAGES)

	一般 (Standard)	10桌以上 (Over 10 tables)
紹興酒 (Shao Hsing Wine)	NT$ 230+10% 瓶 (bottle)	NT$ 200+10% 瓶 (bottle)
陳年紹興酒 (VO Shao Hsing Wine)	370+10% 瓶 (bottle)	NT$ 320+10% 瓶 (bottle)
精釀陳年紹興酒 (PREMIUM V.O. Shaohsing Wine)	600+10% 瓶 (bottle)	NT$ 600+10% 瓶 (bottle)
花雕酒 (Hua Tiao Wine)	420+10% 瓶 (bottle)	NT$ 370+10% 瓶 (bottle)
台灣啤酒 (Taiwan Beer)	110+10% 瓶 (bottle)	NT$ 85+10% 瓶 (bottle)
芭樂汁或柳橙汁 (Orange Juice or Guava Juice)	110+10% 盒 (carton)	NT$ 85+10% 盒 (carton)
烏龍茶 (Oloong Tea)	110+10% 盒 (carton)	NT$ 85+10% 盒 (carton)
新鮮果汁 (Fresh juice)	180+10% 每杯 (glass)	
七喜，可樂 (7-UP, Coke)	80+10% 每罐 (canned)	
雞尾酒 *(Punch)*		
含酒精 (w/Alcohol)	2000+10% 缸 (bowl)	
不含酒精 (Non-Alcohol)	1500+10% 缸 (bowl)	
開瓶費 *(Corkage Charge)*		
國產酒 (Chinese Liquor)	500 net (per table)	
葡萄酒 (Wine, Champagne)	400 net (per bottle)	
洋酒 (Spirit)	800 net (per bottle)	

(1)在中價位的餐廳可提供限制酒單。

(2)餐廳只列出幾種較常見的名牌酒。

(3)飲料可以酒杯或玻璃瓶爲單位來收費。

(四)酒吧飲料單（Bar Menu）

酒吧的飲料單通常分爲兩種，一種是經過政府核准的，另一種是餐廳自行調製的混合飲料（**表3-5**）。

(1)經過政府核准：凡經政府核准予以販售的酒類，均可在酒吧內販賣，酒吧中有一半以上的酒是採單杯方式賣出。

(2)餐廳自行調製：另一種是置於吧台上或是桌上的吧台飲料，由餐廳的調酒師（Bartender）爲客人服務，多以各、類雞尾酒爲主。

(五)客房服務飲料單（Room Service Beverage Menu）

客房服務飲料單是伴隨客房服務而來的，因爲客人在客房用餐時偶爾會點一些餐間用酒，來搭配食物，所以客房服務飲料單可多列一些飲品，提供客人多元化的選擇。

(1)飯店等級不同，客房服務提供的飲料項目亦有差別。

(2)有些飯店直接在客房中配製小酒吧（Mini Bar），讓客人自行取用，客人不必出入房門，便可飲用到自己所喜愛的飲料。

(3)爲方便客人而以套裝方式出售飲品，如威士忌加礦泉水、冰塊及點心，全套售價一千元，由顧客自行點用。

四、飲料的售價

飲料之售價往往以其成本爲主要基礎，然後考量其他相關

表3-5　酒吧飲料單

ROXY PLUS　點單請交給吧台人員
11:00 - 22:00 所有單品減價 20 元

	小	中	軟性飲料						
柳橙汁	100	140	葡萄柚	100	150	蔗口蘇打	160	可樂	90
蕃茄汁	100	140	冰牛奶	100	140	檸檬蘇打	160	雪碧	90
檸檬汁	100	140	冰咖啡	100	140	柳橙蘇打	160	蘇打	90
鳳梨汁	100	140	蛋蜜汁		160	晴空蘇打	160	通寧	90
蘋果汁	100	150	可爾必思		160	龐克果汁	170	礦泉	70
小紅莓	100	150	冰淇淋蘇打		130	飄浮咖啡	130	沛綠雅	11

熱咖啡

曼特寧	110	藍山	110	美式咖啡（可續杯）100		卡布基諾	120

壺茶 $140	茉莉茶	伯爵茶	伯爵奶	桔茶	蘋果茶	洛梅香桔茶
	烏龍茶	胚芽奶	薄荷茶	椰香奶	蘋果奶	洛梅菊花茶
	洛神茶	菊花茶	錫蘭茶	桂圓茶	薑茶	桂圓薑茶

熱杯茶	立頓奶茶	80	可可奶茶／杏仁奶茶／熱牛奶	90
	檸檬紅茶	80	花生奶茶／芋香奶茶／綠豆奶茶	90

泡沫紅茶(中杯)　$100　　+珍珠 or 奶精 $110

百香	檸檬	洛神	蜂蜜	香橙	烏梅		葡萄	胚芽	椰香
杏香	可可	布丁	薄荷	石榴	咖啡	花生	綠豆	芋頭	泡沫

泡沫綠茶(中杯)　$100　　+珍珠 or 奶精 $110

茉莉	薄荷	石榴	百香	香橙	蜂蜜

瓶裝啤酒（買 5 送 1）

柏汀頓	170	可樂娜	140	百威	140	美樂	140	生力	13
西岸	170	海尼根	140	健力士	140	台灣	130	鑰匙	13

生啤酒

11:00~01:00　（杯）$ 110　（壺）$ 320	美樂生啤酒（罐）14
01:00~06:00　（杯）$ 120　（壺）$ 340	

基本調酒　$150 ↓　　　　　　　　龍舌蘭 單杯 120

琴/伏特加/波本/白蘭地/蘭姆/龍舌蘭/馬丁尼/葡萄甜酒
加　通寧/可樂/七喜/蘇打/柳橙汁/鳳梨汁/萊姆汁/葡萄柚汁
環遊世界/太空漫步 $420 長島冰茶/ $320
潛水艇/邁太 $270 轟炸機/高潮/藍色夏威夷/椰島戀情　　$240
瑪格莉特/黑(白)俄羅斯/自殺飛機/鏽釘/威士忌驢兒 ↓ $170
威士忌蘇/打杏仁驢兒/愛情海/ 新加坡司令/曼哈頓/ 教父(母)
墨西哥日出/血腥瑪莉/綠色蚱蜢/鹹狗/馬丁尼

資料來源：ROXY PLUS

因素而訂出價格。在此介紹飲料常見的三種銷售方式與定價規則，分別是整瓶銷售、零杯銷售及混合銷售，分別說明如下：

(一)整瓶銷售

餐廳習慣將啤酒、葡萄酒及清涼飲料等，以整瓶銷售的方式推薦給客人。整瓶銷售的飲料，其定價是以酒水的每瓶進貨價格除以成本率而得，如下列公式所示：

$$整瓶飲料的售價 = \frac{每瓶進貨價格}{成本率}$$

本法之特點為：

(1)以整瓶銷售方式為定價時，成本率不能太低，以免售價過高，特別是針對一般大眾化的酒吧或快餐店。

(2)成本率若低於50%，飲料的售價會超過進貨價格的一倍，使顧客望而卻步，寧願在別的地方購買飲品，也不願在餐廳內消費。

(3)高級餐廳對整瓶酒水的價格可以訂得略高一些，但也不要過於誇張，而造成顧客不滿。

(二)零杯銷售

飲品以零杯方式銷售給顧客時，價格可以稍微提高，原因是：

(1)以零杯銷售會造成流失損耗，因而提高飲品的成本。

(2)餐廳內的酒吧必須額外增加量器設備和人工費用，以服務顧客。

(3)零杯銷售給顧客帶來方便，即使售價略高也能被消費者
　　接受。

　　因此，零杯銷售在定價時必須考量成本提高之因素，所以
其售價為：

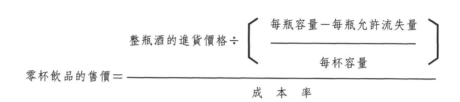

$$零杯飲品的售價 = \dfrac{整瓶酒的進貨價格 \div \left[\dfrac{每瓶容量 - 每瓶允許流失量}{每杯容量}\right]}{成\ 本\ 率}$$

(三)混合銷售

　　混合銷售的飲品，其定價方式有二種，一是按主要配料定
價，二是計算各種配料成本加一定盈利而定價，茲分別說明如
下：

1.主要配料定價法

　　以主要配料為定價基礎，副料則忽略不計，也就是說，以
主要配料按每盎司或每杯來定價，而副料酒水則不予計價。多
數飲品如琴酒、伏特加、蘭姆酒、威士忌及開胃酒等，常會根
據顧客需要而搭配一些清涼飲料來飲用。

2.各種配料成本加盈利定價法

　　此法必須先計算各種配料的成本，然後再加上一定比率的
盈利而訂出售價。例如飲料單上許多雞尾酒的配方已經標準
化，只要將每份酒各配料的用量和價值加總，得出其成本，再
除以一定的成本率，就可以算出售價。

第四章 菜單設計程序

- ◆ 菜單格式
- ◆ 菜單封面
- ◆ 菜單文字
- ◆ 菜單字體選擇
- ◆ 菜單用紙的選擇
- ◆ 菜單的色彩運用

菜單既然是餐飲業無言的推銷員，因此在設計上自然要符合餐廳所塑造出來的形象，所以菜單的外形要與餐廳的主題相互輝映，而字體、顏色、用紙等更能搭配餐廳的氣氛和裝飾，最後經由菜單內容的配置反映出服務方式，這樣才算是一份完整的菜單設計。

菜單格式

菜單的規格和樣式大小應能達到顧客點菜所需的視覺效果。除了滿足顧客視覺藝術上的設計外，經營者對於菜單尺寸的大小、插頁的多少及紙張的折疊選擇等，亦不可掉以輕心。

一、尺寸大小

餐廳對於菜單尺寸的大小應謹慎選擇，以免對顧客造成不必要的麻煩與困擾。

(一)尺寸適中

菜單尺寸太大，讓客人拿起來不舒適；菜單尺寸太小，造成篇幅不夠或顯得擁擠。

(二)標準尺寸

菜單最理想尺寸為23cm×30cm。

(三)其他尺寸

下列尺寸應用範圍十分廣泛。

(1) 小型：15cm×27cm

(2) 小型：15.5cm×24cm

(3) 中型：16.5cm×28cm

(4) 中型：17cm×35cm

(5) 大型：19cm×40cm

二、插頁張數

　　餐廳可利用插頁或其他輔助文字來促銷特定的食物及飲料，藉此刺激產品的銷售量。

(1)插頁過多：插頁頁數太多，客人眼花撩亂，反而增加點菜時間。

(2)插頁過少：插頁頁數太少，造成菜單篇幅雜亂，不易閱讀。

三、紙張折疊

　　菜單的配置型式很多（圖4-1），不論餐廳採用何種方式，都要詳細考量上菜整體順序。

(1)折疊技巧：菜單經由折疊而顯得美觀，並達成客人閱讀方便的目的。

(2)折疊原則：菜單折疊後要保持一定的空白，一般以50%的留白最爲理想。

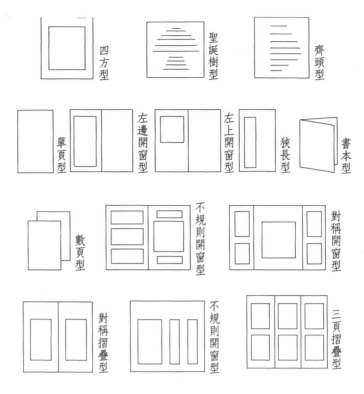

圖4-1　菜單設計的配置型式

資料來源：高秋英，《餐飲服務》，P.92.

菜單封面

　　封面是菜單最重要的門面，一份色彩豐富又漂亮實惠的封面，不僅可以點綴餐廳，更可成為餐廳的重要標誌。因此，菜單必須精心製作使其達到點綴餐廳和醒目的雙重作用。

　　在設計菜單封面時，有五項因素必須一併考慮：(1)封面成

本；(2)封面圖案；(3)封面色彩；(4)封面訊息；(5)封面維護。

一、封面成本

套印在封面上的顏色種類愈多，封面的成本就愈高。

(一)低成本

(1)方法：最節省的封面設計是在有色底紙上再套印上一色，如白色或淡色底紙上套印黑色、藍色或紅色。

(2)目的：降低成本。

(二)高成本

(1)方法：在有色底紙上套印兩色、三色或四色。

(2)目的：形成鮮豔豐富的圖樣。

二、封面圖案

菜單封面的圖案必須符合餐廳經營的特色和風格，顧客透過封面的圖樣便能瞭解餐廳傳達的特性與服務方式。

(1)古典式餐廳：菜單封面上的藝術裝飾要反映出古典色彩。

(2)俱樂部餐廳：菜單封面應具有時代色彩，最好能展現當代流行風格。

(3)主題性餐廳：菜單封面應強調餐廳的主要特色，並顯現濃厚的民族風味。

(4)連鎖性餐廳：菜單封面應該放置餐廳的一貫服務標記，藉此得到顧客的肯定與支持。

三、封面色彩

封面的設計必須具有吸引力，才能喚起顧客的記憶，所以善用色彩是致勝的主要利器。

(一)色調和諧

菜單封面的色彩要與餐廳的室內裝潢相互輝映。

(二)色系相近

菜單置於餐桌並分散在客人的手中，其顧客要跟餐廳環境的色彩相近，自成一個體系。

(三)色系相反

亦可使用強烈的對比色系，使其相映成趣，增添不同的風格。

四、封面訊息

菜單封面上有幾項資訊是不可少的，如餐廳名稱、餐廳地址、電話號碼、營業時間等。

(一)主要訊息

菜單封面要恰如其分地列出餐廳名稱，此項訊息是不可或缺的。

(二)次要訊息

其他如餐廳經營時間、地址、電話號碼、使用信用卡付款等事可列於封底。

(三)其他訊息

有的菜單封面印有外送的服務訊息。

五、封面維護

為協助顧客點菜，菜單的使用頻率居高不下，所以容易造成毀損和破壞，常常要更換新的菜單，致使餐廳的營業費用上揚。

(一)維護方法

將菜單封面加以特殊處理，例如採用書套或護貝等方式，維護封面的整潔，使水和油漬不易留下痕跡，且四周不易捲曲。

(二)慎選材質

選擇合適的紙質做為菜單封面用紙，以確保整體的美觀與耐用。

(三)菜單存放

菜單的存放位置應保持清淨乾燥，才能延長菜單的使用年限。

(四)人人有責

服務人員和客人的手與菜單接觸最頻繁，應盡量避免沾上水漬和油污，否則再精美的菜單，一旦弄髒了便失去其價值。

菜單文字

菜單必須藉著文字向顧客傳遞訊息，一份具有詳盡文字介紹的菜單，給人往下翻閱的衝動，進而達成促銷目的。菜單的

文字部分主要分爲下列三類：(一)食品名稱；(二)敘述性介紹和(三)餐廳本身的宣傳。

一、食品名稱

餐廳內每項菜餚的名稱應該清楚明確，才能達到雙向溝通之功用。

(1)食品名稱應該一目瞭然。

(2)食品命名要確切衡量。

(3)食品名稱應該清楚，讓客人明白易懂。

(4)不同的食品名稱會引起人們不同的聯想。

二、敘述性介紹

對於掌廚的大廚師或經驗老道的餐館老闆而言，所有菜單上的名稱可說是一目瞭然，但對顧客來說，除非他已學過這些不常使用的專業詞句，否則就需要有人從旁解說，因此菜單上的介紹性文字是不可避免的。

(1)敘述性的文字介紹可以幫助顧客瞭解菜單內容。

(2)文字介紹通常可增加食品的趣味性。

(3)文字敘述有助於提高食品銷售價值。

(4)敘述性介紹能激發人們對食物的想像。

(5)文字介紹之詞語必須貼切且合宜。

三、餐廳本身的宣傳

餐廳可以藉由菜單上文字的陳述，達到自我宣傳的目的，包括優質的服務和精湛的烹調技術。

(1)餐廳可利用菜單與地方特色相結合，藉此建立優良的形象。

(2)餐廳可藉由菜單上文字的陳述，進一步宣揚餐廳的特色名菜。

(3)餐廳可在菜單內陳述自身的歷史和服務性質，傳遞良好的口碑與品質。

(4)餐廳裝潢應與菜單的設計相互輝映，亦具有擴大知名的功用。

(5)餐廳亦可利用特殊的地理位置促銷美食佳餚，例如鄉間的野菜或山產店，常在菜單上強調「置身鄉間的用餐樂趣……」這一類的話語。

菜單字體選擇

菜單的首要任務是餐廳服務人員與顧客間的溝通橋樑，所以字體選擇的主要原則就是能達成這種溝通作用。一般而言，字體選擇必須注意以下八點：

(一)字體尺寸

(1)請勿使用小於12點的鉛字。

(2)菜單上的字體一定要夠大且醒目明確。

(3)可同時採用大寫或小寫字體，以強調某些特殊的部分。

(二)字體樣式

(1)菜單的標題和次標題，可用不同字體表現出層次感。

(2)為了強調菜單的特殊部分，可使用較粗的字體。

(三)外文大小寫

(1)西式菜單的標題與次標題，可用大寫字體表現。

(2)多數原文菜單的菜單內容採用小寫字體，以增加可讀
性。

(3)小寫字體比大寫字體更易辨別。

(4)小寫字體參差有序，很容易即時辨認，尤其是正文部
分，更應該使用小寫字體。

(四)斜體字體

(1)斜體字體除非必要，否則不要濫用。

(2)斜體只能用於需要特別強調或特殊推銷的內容。

(3)閱讀斜體排版文字，眼睛容易疲勞，而造成讀者不適。

(五)字體行距

(1)行距宜大，以增加清晰度。

(2)兩行之間的寬度距離不得小於3點。

(3)行與行之間的文字應留空隙，使人閱讀更感舒適。

(六)字體粗細

(1)字體的粗細能展現不同的格調。

(2)粗厚的字體給人沈重之感，若編排過密，易產生烏黑模
糊情形。

(3)細微的字體給人輕鬆之感，但太細太淡，反而不易辨
認。

(七)字體用色

(1)謹慎使用「反白」，即黑底白字印刷。

(2)若用彩色字體，一定要用深色或暗色。

(3)淺色紙張宜用黑色字體或彩色字體。

(八)字體風格

(1)字體的風格應與餐廳整體氣氛相吻合。

(2)按照餐廳的供餐性質，編排合適的菜單字體。

(3)慎用古怪字體和花俏字體。

菜單用紙的選擇

設計菜單時，必須選擇合適的紙質，因為紙張品質的好壞與文字編排、美工裝飾一樣，充分影響菜單設計質量的優劣。本節擬將菜單用紙的種類、菜單的使用方法及用紙選擇的考慮因素加以陳述。

一、菜單用紙的種類

目前市面上所見到的菜單，主要採用的紙張類型有下列四種：

(一)特種紙

(1)色澤：特種紙有各式各樣的顏色。

(2)質地：質地粗糙或光滑。

(3)成本：特種紙的成本非常昂貴。

(4)效果：菜單顯得典雅有價值。

(5)用途：高級飯店常選用此種紙張來印製菜單。

(二)凸版紙

(1)材質：即新聞報紙之用紙。

(2)成本：凸板紙的成本低廉。

(3)用途：印製在凸板紙上的菜單僅限於使用一次。

(三)銅版紙

(1)型號：銅版紙可以分為各種不同的型號。

(2)質地：較厚的銅版紙稱為銅西卡。

(3)成本：銅版紙的成本比凸板紙高。

(4)效果：護貝後的銅版紙非常光滑，顯得格外精緻。

(四)模造紙

(1)型號：模造紙亦可分為各種不同的型號。

(2)質地：質地較薄，最常用來印製信紙。

(3)成本：模造紙的成本廉價。

(4)效果：使用模造紙所印製的菜單較不耐用。

(5)用途：因模造紙過於單薄，所以可視為廣告單郵寄給消
費者。

二、菜單的使用方法

餐廳在決定採用何種紙張印製菜單時，必須顧慮到菜單的
使用方法，是每日更換或長期使用。

(一)每日更換之菜單

(1)紙張磅數輕薄：菜單若是每日更換，則可選用較薄的輕
磅紙，如普通的模造紙、銅版紙。

(2)菜單不必護貝：每日更換的菜單，不需要護貝，客人用完即可丟棄。例如麥當勞的菜單置於餐盤上（**表4-1**），客人用餐完畢後就可以即時作處理。

(3)紀念性之菜單：紀念性菜單亦可使用輕薄型的紙張，如宴會菜單常被客人帶走以資留念。

(4)不必考慮污漬：每日更換之菜單無須考慮紙張是否容易遭受油污或水漬。

(5)不必顧慮破損：每日更換之菜單沒有拉破撕裂問題，可以隨時補充或報廢。

(二)長期使用之菜單

(1)紙張磅數厚重：菜單若是長期使用，則應選用磅數較厚的紙張，如高級的銅版紙或特種紙。

(2)菜單可以護貝：紙張要厚並加以護貝，才能經得起客人多次周轉傳遞，進而達到反覆使用之目的。

(3)污漬不易沾上：經過護貝的菜單具有防水耐污的特性，即使沾上污漬，只要用濕布一擦即可去除。

(4)紙質交叉使用：作為長期使用之菜單，其製作費用高昂，為降低成本，菜單不必完全印在同一種紙質上。

    A.封面採用較厚的防水銅版紙。

    B.內頁選用較薄的模造紙。

    C.插頁使用價格低廉的一般用紙，因插頁的更換頻率最高。

三、菜單用紙的選擇因素

菜單用紙的選擇因素包括餐廳的層次、紙張的費用和印刷

表4-1　每日更換之菜單

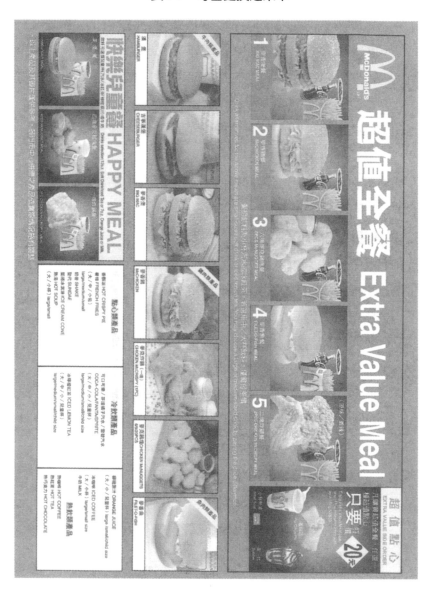

資料來源：麥當勞

技術三個項目，分別說明如下：

(一)餐廳的層次

依照餐廳的層級，而選擇合適的菜單用紙。一般而言，高層次餐廳所使用的紙張品質較好，而低層次餐廳則使用品質較低的紙張。

(1)高層次餐廳：在高級的飯店或餐館裡，即使是使用一次的菜單，也會選用較佳的薄型紙或花紋紙。

(2)低層次餐廳：低層次餐館常使用品質低劣的紙張來印製菜單。

(二)紙張的費用

菜單用紙的費用在菜單設計製作過程中，雖然算是小額的零星支付，但仍是不可忽視的一環。

(1)費用額度：菜單用紙的費用應該審慎考量，不得超過整個設計印刷費用總額的三分之一，以免徒增菜單製作成本。

(2)使用狀態：紙張的選擇會因餐廳層級不同而有所區別。大致上，高級餐廳的用紙費用較為昂貴；相反地，一般平價餐廳的用紙費用則較為低廉。

(三)印刷技術問題

在選擇紙張時，還要考量印刷技術問題，設法排除各種障礙，如紙張的觸感及質感問題，才能印製出精美的菜單。

(1)紙張的觸感：有些紙張表面粗劣，有的光滑細潔，有的花紋凸凹，各有不同特色。由於菜單是拿在手中翻閱的，所以紙張的質地或手感是非常重要的問題，特別是在豪華氣派的高級餐廳裡，菜單的觸感更是不容忽視。

(2)紙張的質感：紙張的強度、摺疊後形狀的穩定性、不透

光性、油墨的吸收性和紙張的白晢度等，都會形成印刷上的不便，必須加以克服。

菜單的色彩運用

菜單的顏色具有裝飾及促銷菜餚的作用，豐富的色調使菜單更動人，更有趣味，因此在菜單上使用合適的色彩，能增加美觀和推銷效果。所以，必須謹慎運用各種色彩來展現餐館的特殊情調與風格。

一、色彩多寡

菜單的色彩搭配合宜，才能展現餐廳的特色與氣氛，因此在色彩的運用上，應注意下列幾項原則：
(1)顏色種類越多，印刷成本越高。
(2)單色菜單的成本最低，但過於單調。
(3)製作食品的彩色照片，一般以四色為宜。
(4)菜單中使用不同的顏料能產生某種突顯效果。
(5)人的眼睛最容易辨讀的是黑白對比色。

二、色紙選擇

選擇合適的色紙，不但不會增加菜單的印刷成本，同時還具有凸顯餐廳主題的效果，所以善用色紙，是美化菜單的不二

法則。

(1)採用色紙能增添菜單的色彩，具有美化和點綴的效果。

(2)適合用於菜單的色紙有金色、銀色、銅色、綠色、藍色等。

(3)如果印刷文字太多，為增加菜單的易讀性，不宜使用底色太深的色紙。

(4)不宜選用兩面顏色相同的色紙作為菜單封面，造成印刷廣告和刊登插圖的困難。

(5)另外採用寬彩帶，以橫向、縱向或斜向黏在封面上，亦能改善菜單的外觀。

三、彩色照片

許多圖形漂亮的菜餚和飲料無法用言語來形容，只能用照片才能顯現其風貌，所以，利用彩色照片來描述食物飲品的美味與可口，實為不錯的銷售方法。

(1)彩色照片能直接而真實地展示餐廳的美食佳餚。

(2)菜餚的彩色照片配上菜名及介紹文字，是宣傳食物飲品的極佳推銷手段。

(3)一張拍攝優質的彩色照片勝過上千字的文字說明。

(4)彩色實例照片有助於顧客點菜，透過逼真的菜餚圖片來提高客人的食慾。

(5)印有彩色照片的菜餚，是餐廳最願意銷售並希望顧客皆能注意而予以購買的項目。

(6)**餐廳通常將招牌菜、高價位和受顧客歡迎的菜餚，拍攝成彩色照片印在菜單上。**

(7)菜單上通常需用彩色照片輔助說明的食品項目為開胃品
　　類、沙拉類、主菜類、甜點及飲料等。

第五章 菜單的定價及策略

◆ 菜單定價基礎

◆ 影響菜單定價之因素

◆ 定價原則

◆ 定價策略

◆ 常見的定價方法

餐飲經營者在訂價的決策裏應考量顧客對餐飲品質（Quality）與價值（Value）之間的聯想。因為菜單的價格直接影響顧客的購買行為和決定餐廳的客源；另外，菜單價格的高低還決定了菜單產品的成本結構和成本控制，所以，菜單的定價對企業的經營效益有非常深遠的影響。由於菜單產品的經營方式和價格結構具有獨特性，有別於其他產業，所以本章擬將菜單的定價原則、價格策略和定價方法詳細說明如下。

菜單定價基礎

　　在訂定菜單的價格之前，應對菜品價格的組成內容充分瞭解。一道菜的完成，通常由餐飲材料成本、營業費用、財務費用、營業稅金和經營利潤等五個項目構成，分別敘述如下：

一、餐飲材料成本

　　餐飲產品一定要經過購買原始材料這道手續，將材料加工後，才能進行生產。食品飲料的材料成本是餐飲產品價格最主要的組成分子，所佔的比例相當大，例如購進的魚、肉、家禽、水果、蔬菜、糧食、米、油、鹽、醬、醋等調味配料及各種酒水等，這些購進的材料成本稱為營業成本，是經營餐廳最基本的部分。以目前一般的情況分析，餐廳的層次水準與食物材料成本率呈反向變動。

二、營業費用

　　菜單產品在定價時，應考慮營業費用，所謂營業費用即經營一家餐廳所需的一切支出費用，通常包括：

(1)人事費：包括員工之薪水、津貼、職務加給獎金、加班費及顧問報酬費等。

(2)折舊費：包括一切資產設備之折舊費用。

(3)維修費：指保養及維護一切設備所用的材料和費用。

(4)水電費：包括一切自來水費及電費。

(5)燃料費：指餐廳使用瓦斯或其他燃料的費用。

(6)洗滌費：指餐廳對於餐巾桌布及員工服裝送洗的支出費用。

(7)廣告費：指為了推銷餐廳飲食產品所支出的廣告費用。

(8)辦公用品：指日常辦公所需的用品支出。

(9)各式餐具：餐廳花費部分經費購買碗盤、杯子、湯筷及其他容器。

(10)其他雜項支出等：如郵費、書報費、交際應酬費、運費等。

　　營業費用中最重要的應屬人事費用，常涉及員工的薪資、員工的福利、員工的服裝及員工餐費等四項。

三、財務費用

　　財務費用包括銀行費用及貸款利息。企業因經營之需要而向銀行貸款並依規定支付相當的利息，因此，在制定菜單價格

時，應把這項費用也估計在內。

四、營業稅金

餐飲產品的定價除了營業成本和營業費用外，還要包括企業應承擔的稅金，計有：
(1)營業稅：餐飲企業最重要的部分，政府按企業餐飲收入的一定百分比徵收。
(2)房屋稅：按房屋原價值的一定百分比徵收。
(3)所得稅：按企業經營利潤總額扣去允許扣除項目的金額(例如：分給其他單位的利潤，抵補以前年度的虧損等)後，依一定稅率徵收。
(4)印花稅。
(5)牌照稅。

五、經營利潤

大部分餐館均以營利為主要目的，期待能獲得最大利潤。然而，這並不是指在訂定菜單價格時，另加上非常大的利潤所得到的售價是最好的，高利潤固然是好，但同時要顧及客人的接受程度和其他各種因素。一般而言，售價會與銷售量成反比，圖5-1是根據調查而呈現的價格與銷售量之關係圖，雖然某道菜的計價260元與360元之間，只有100元之差，但卻能明顯地看出其銷售量產生極大的差異，故業者在定價時應格外謹慎小心。

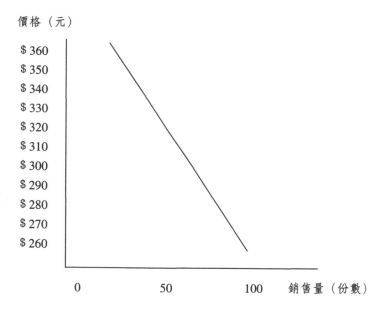

價格（元）

$ 360
$ 350
$ 340
$ 330
$ 320
$ 310
$ 300
$ 290
$ 280
$ 270
$ 260

0   50   100   銷售量（份數）

圖5-1　價格與銷售量之關係圖

影響菜單定價之因素

　　餐飲產品的構成因素是由食物原料及其他外在各種因素所組成，因此在制定價格的時候，應將材料成本、人事費用、場地租金等有形成本計算在內。除此之外，爲了使其「產品」更具有市場性，亦不容忽視同業彼此間的競爭和顧客的心態等問題。

　　故將影響菜單定價之因素，歸納爲：(1)成本和費用因素；(2)同業競爭因素；(3)顧客心理因素；(4)其他因素等四項，分別

說明如下：

一、成本和費用因素

　　成本和費用是確定菜單價格的二個重要因素，所以應該重視餐飲成本和費用的特性，注意成本和費用變動的市場因素，以及探索降低成本和費用的方法，使菜單價格更具競爭優勢。

(一)餐飲成本和費用的特性

　　餐飲成本和費用具有兩個特性。第一個特性是固定成本低，而變動成本高；另一個特性是不可控制成本低，而可控制成本高。

1.固定成本低，而變動成本高

　　(1)固定成本：隨著產品銷售數量的變動，而其總量不變的成本，如折舊費、修理費及人事費用等，即使銷售數量受到變化，其總量仍保持不變。

　　(2)變動成本：指總額隨著產品銷售數量的增加而呈現正比遞增的成本，如食物材料成本、水電、燃料費、營業用品等，其中一部分隨銷售數量變動而產生變化。

2.不可控制成本低，而可控制成本高

　　(1)不可控制成本：指食物材料成本及營業費用中的折舊和修理費，是企業沒有辦法控制的。

　　(2)可控制成本：企業可針對採購、驗收、儲存、發料、加工、烹飪和銷售等各個環節，加以嚴格管理並設法降低各種不當使用情形。

(二)影響成本和費用變動的市場因素

　　造成成本和費用變動的市場因素計有：氣候因素、季節因

素、物價指數和通貨膨脹因素，以及口味因素等。

1.氣候因素

    (1)部分食物材料成本，如魚蝦、蔬果等市場價格彈性波動強烈的產品，常受氣候的影響，而使產量發生增減。

    (2)氣候不佳，使得材料產量減少，導致市場價格上揚。

2.季節因素

    (1)食材受到季節淡旺季之影響，而產生價格上下波動。

    (2)此種情況常依市場供需狀況而作適度調整。

3.物價指數及通貨膨脹因素

    (1)當物價上漲，各種費用及成本會相對提高。

    (2)若物價下跌，則發生相反情形。

4.口味因素

    (1)因人們口味產生變化，而造成食材價格的變動。

    (2)近年來人們崇尚天然健康的粗糙食品，而引起以前各種不值錢的野菜或食物有水漲船高的趨勢。

(三)探索降低成本和費用的方法

    為了使菜單價格更具有競爭力，餐廳要靠降低成本和費用，才能使其銷售價格普遍被消費大眾所接受。

    (1)企業應加強管理餐飲成本和費用的各項環節，透過嚴密的控制方針來降低支出。

    (2)企業如何在市場供需的影響及顧客的接受程度之間取得平衡，制定極具競爭力的售價，是眼前最重要的課題之一。

二、同業競爭因素

餐飲業的市場競爭非常激烈，業者常面臨在同一地區內有同等級或相似產品的巨大挑戰，充分顯現餐飲產品的生產技術較簡單，可替代性高，模仿容易等特性。因此，餐飲業者必須分析餐廳菜色的競爭情勢，研究菜單產品所處的地位，所謂「知己知彼，百戰百勝」，如此才能在極具競爭的環境下生存並戰勝同行。

(一)分析菜色競爭情勢

競爭趨勢有四種情形，分別是完全壟斷、寡頭壟斷、不完全競爭和完全競爭：

1.完全壟斷

在產品市場中，只有一家生產者，而沒有其他可替代的廠商存在，此廠商將市場完全壟斷，如菸酒公賣局所販售的菸和酒，便屬於合法獨佔的一種。完全壟斷市場具有下列特性：

(1)獨家生產與銷售。

(2)產品獨特。

(3)加入與退出困難。

(4)訊息不完全。

(5)無廣告必要。

2.寡頭壟斷

在一個市場上，一種產品只有少數幾家(二家以上)廠商從事生產，因廠商數目不多，造成每家廠商對市場的價格與產量具有一定的影響力，稱為寡佔市場，可分為完全寡佔與不完全寡佔。完全寡佔是指生產同質產品的寡佔，如鋼鐵、水泥、鋁

業等產業；不完全寡佔是指生產異質產品的寡佔，如汽車、冷氣機、電冰箱等產業。寡佔市場的形成條件有：

(1)廠商數目不多。

(2)廠商之間相互依存。

(3)產品可能完全相同或類似。

(4)加入與退出生產非常困難。

(5)非價格競爭激烈。

3.不完全競爭

　　不完全競爭是在自由市場經濟制度中，最常見的市場組織形態，介於完全競爭與獨佔之間的市場型態，是一種具有獨佔性，又有競爭性的方式，例如，餐飲業，各種連鎖店如屈臣氏、統一便利超商、全家便利商店等，均屬於此種型式。不完全競爭市場具有下列特點：

(1)類似的異樣化產品。

(2)眾多的銷售者與購買者。

(3)重視非價格競爭。

(4)市場消息靈通，但不完全。

(5)能自由進出市場，但仍有所限制及阻礙。

4.完全競爭

　　完全競爭是經濟學家認為最理想的市場組織型態，最典型的例子便是農產品市場，其具有下列特點：

(1)買賣雙方人數眾多。

(2)產品具有同質性。

(3)市場資訊來源充足。

(4)沒有人為干預。

(5)資源具有完全的流動性。

由此可知，餐飲產品處於不完全競爭趨勢，產品競爭程度愈激烈，價格的需求彈性愈大，只有價格稍有變動，需求量變化很大。菜單產品若處於十分激烈的競爭趨勢之下，企業只能接受市場的價格，別無選擇。

(二)研究菜單產品所處的地位

業者應先熟讀同業的菜單瞭解目前市場上的熱門食物種類及其訂價，以吸引更多的客人上門。餐飲的競爭來自同一地區內相似產品的競爭及同一地區內不同產品的競爭兩個方面：

1.同一地區內相似產品的競爭

(1)區位比較：如飯店內的法式餐廳與外面法式餐館之間。

(2)促銷方法：使用同質性略低的競爭手段。

(3)定價技巧：可採用重點產品低價方式。

2.同一地區內不同產品的競爭

(1)區位比較：如各種自助餐廳和各式火鍋店的出現。

(2)促銷方法：降低價格，提高品質。

(3)定價技巧：使用產品差異法(differentiate product)，提供不一樣的用餐氣氛。

(4)客源取得：穩定和調整產品價格，才能抓住老顧客，爭取新客源。

3.探討競爭者對自己餐廳價格策略的反應

(1)在制定價格策略前，首要考慮其他競爭者將會產生何種反應。

(2)若餐廳採薄利多銷方式，應注意競爭者將採取何種應對措施，以免引發價格上的惡性競爭。

(3)若餐廳因進貨成本上漲而對菜單售價做部分調整，此時應預期競爭者會做何種處理，才能確實掌控突發狀況。

三、顧客心理因素

由價格心理學(Pricing Psychology)的理論中,我們知道可以透過數字策略的運用,來增強顧客對產品的購買慾望。最常見的例子便是三商百貨的商品標價,常以199元的標價方式呈現,比定價200元的整數更令人心動。所以善用顧客的心理狀態,常是致勝的最佳祕密武器。在考量顧客的心理因素時,應注意顧客對產品的支付能力及顧客對菜餚的接受程度,並分析顧客的用餐目的及其他因素。

(一)考慮顧客對產品的支付能力

根據顧客的用餐預算,提供相對的品質與服務。

(1)支付能力:不同類型的客人對餐飲產品的支付能力有所不同。

(2)使用能力:研究不同目標的消費群對產品的使用能力。

(3)價格策略:管理者制訂相對應的價格策略來配合各類型顧客。

(二)評估顧客對菜餚及附加價值的接受程度

餐廳提供的各項食物及設施與服務,是否能被消費者接受。

(1)餐飲品質:食品飲料品質的好壞。

(2)服務品質:服務人員品質的優劣。

(3)環境氣氛:環境和氣氛品質之提供。

(4)餐廳區位:餐廳地理位置的良窳。

(5)競爭數量:附近競爭者的多寡。

(三)分析顧客的用餐目的

客人前往餐廳用餐的目的很多，常見的有填飽肚子、美食主義、宴請親友等。

1.充飢者

(1)用餐目的：往往因工作、上學、趕路或其他因素而外出用餐。

(2)價格實惠：產品價格要強調經濟實惠。

(3)方便快速：適合供應方便簡單的快餐、套餐或自助餐。

2. 美食家

(1)用餐動機：外出用餐的動機是為犒賞自己和家人，或為款待親朋好友，以享受為主要目的。

(2)付款能力：通常願意支付較高的價格。

(3)特殊要求：應提供特殊的用餐環境和服務，最好能和平時家居所接觸的用餐設備有所區別為佳。

3.宴請親友

(1)使用型態：宴請不同類型的顧客，對價格的要求有所不同。

(2)追求排場：商務宴請用途之顧客，為讓其合作夥伴留下美好印象，不惜斥資高價以求排場。

(3)價格因素：喜慶宴請用途之顧客，也願意支付高額金錢以追求體面和隆重。

(四)其他顧客因素

還有許多其他因素影響顧客對價格的接受程度和要求，茲舉下列幾個例子來作說明：

1.顧客外出用餐頻率

(1)經常外出者：經常外出用餐者，較不願意支付過高的價

格。

(2)長期出差者：長期出差而住宿者，對餐飲產品的消費能
　　力較不要求。

2.顧客的付款方式

(1)信用卡付款者：以信用卡付款者，由於未直接付現，而
　　對價格的敏感度低，所以針對此類顧客，不必過分強調
　　「俗又大碗」。

(2)飯店內用餐者：住宿飯店並於該飯店的餐廳內用餐而簽
　　帳者，因強調享受飯店的用餐氣氛和舒適環境，所以願
　　意支付更高的代價以換取美好的一餐。

四、其他因素

　　餐飲食物的價格策略與其他產品一樣，都要受到社會上各
種不可控制因素的影響，而產生或多或少的變化。

(一)餐飲公會對餐飲產品的限價

　　為同時保障經營者與消費者的權益，餐飲業相關團體會規
定菜單產品的最高盈利率和最低盈利率範圍，餐廳要瞭解同行
的各項策略，並在此範圍內制訂合適的價格。

(二)經濟發展因素

　　餐飲業的繁榮與否，和國家及地區的經濟發展速度和程
度，有著密不可分的關係。

(1)需求增加：近幾年來，我國經濟發展快速，餐飲業需求
　　大增，造成外出用餐的人口突然大量增加。

(2)彈性調整：菜單應針對各類型用餐人口的需求，採取彈
　　性的變動措施。

(3)大眾消費：中層次的大眾餐飲市場相繼出現，應力求對
策。

(三)外匯匯率的變化

外匯匯率隨國際收支狀況的變化，銀行利率的波動，通貨
膨脹的高低，政府的貨幣政策以及國家經濟發展狀況而發生波
動。

(1)台幣貶值：若新台幣貶值，則外國貨幣在國內的購買力
相對增強。

(2)匯率變動：飯店為防止外匯收入的下降，採取以美元定
價，以減少新台幣貶值所帶來的損失。

(四)通貨膨脹的高低

通貨膨脹造成物價水準上揚，無論對消費者或供給者，都
產生非常不利的影響。

(1)成本增加：通貨膨脹提高，容易造成餐飲材料成本、經
營費用及人工費用大幅增加。

(2)價格變動：管理人員要根據通貨膨脹的瞬息變化，調整
價格，才不會使餐廳蒙受損失。

(五)技術發展因素

因科技帶動發展，日新月異，形成機器取代人力，可減少
人事費用的支出。

(1)使用進口設施：餐飲業引進新設備、新技術會影響顧客
需求、產品品質和餐飲生產費用的改變。

(2)機器取代人力：自動販賣機的引進，減少人力的服務。

(六)其他不可預料的因素

管理人員應該隨時注意經營環境中各種因素的變化，並且
採取相應的價格措施。

(1)天災人禍：自然災害會影響材料的供應和餐飲產品的需求，需要有適合的價格因應措施。另一方面也要減少人為錯誤。

(2)其他因素：另外還有許多不可預料的因素會影響餐廳的價格水準和策略。

定價原則

　　菜單設計最重要的一項關鍵便是菜單價格的制定，價格是否適當，往往能反映出市場的需求變化情形，進而影響整個餐廳的競爭態勢，對餐廳的經營利益造成極大的效應。一般而言，菜單定價應該遵循下列五項原則：

(一)價格能顯現出產品價值

　　食品、飲料的價格是以其價值為主要制定依據，價值包含三部分：

(1)有形與無形成本：依食物材料消耗、生產設備、服務設施和家具用品等耗損之價值來製定。

(2)勞動者報酬：以工資、獎金等勞動者的報酬來製定。

(3)稅務與利潤：以稅金和利潤的形式來製定。

(二)價格能與企業經營之整體目標相調合

　　餐飲產品價格之訂定必須以定價目標為最高指導方針，並符合企業經營的整體現況。

(1)營利目標：以經營利潤為定價目標。

(2)生存目標：以生存為定價目標。

(3)銷售目標：注重銷售的定價目標。

(4)其他目標：刺激其他消費的定價目標。

(三)價格能反映客人的滿意程度

雖然顧客對菜單定價的反應是主觀的，但仍可藉由其他的附加價值讓顧客產生好感，再經由口碑推薦，而有更多潛在的消費群上門品嚐餐廳的美食佳餚。

(1)物超所值：價格合理，並滿足顧客飲食之外的舒適感。

(2)價非所值：引起客人的不滿意，反而降低顧客消費能力及水準。

(四)價格必須適應市場需求

菜單定價要能反映產品的價值，另外也能反映市場供需關係，一旦價格超出消費者所能接受的範圍時，就容易引發消費者的不滿意，應多加注意此種情況。

(1)旺季定價：旺季時，價格可以比淡季略高一些。

(2)口碑良好：歷史悠遠，口碑聲譽優良的餐廳，其價格自然比一般餐廳要高。

(3)區位便利：地點好的餐廳比地點差的餐廳，價格亦略高一疇。

(五)制定靈活及相對穩定的價格

應根據市場供需情形之變化，而採用適當的靈活價格，如此有升有降，才能調節市場的供給與需求，以增加銷售量。

(1)避免更動：菜單定價一旦制定，便不能隨意變更。

(2)變化次數：菜單價格變化，不宜太過頻繁。

(3)調整幅度：每次調整幅度以不超過百分之十為佳。

(4)不當方式：降低質量採賤價出售，是一種不正確的方法。

定價策略

一般在制定價格時，最直接的聯想便是「顧客的付款能力」。但實際上，在定價的過程中，還是有某些技巧能幫助業者制定價格策略，使得成本、利潤與經營理念之間能取得平衡，同時不會因為售價太低而利潤微薄，也不會因定價過高，而無法打入餐飲市場。

不同經營管理系統的餐廳，當然會有不同的定價策略，但有兩點基本原則是維持不變的：一是價格應制定在顧客可接受的範圍內；其二是製作每道菜所需的食物原料(含調味用品)，都要精確的計算在成本內。本節就一般餐飲所採行的定價方法及菜單定價策略二大部分，一一說明如下。

一、一般餐飲採行的定價方法

一般餐廳在定價上，通常採用三種定價方式，即合理價位、低價位和高價位，分別說明如下：

(一)合理價位

所謂的合理，就是指顧客能承擔的範圍，但前題是業者必須有利可圖。

(1)理想模式：合理價位是最理想的定價方式，但不易達成。

(2)定價方法：定價是以餐飲成本為根基，再加上某特定倍

數。

(3)成本比重：餐飲業者將食物成本比例（feed cost percentage）訂一個標準，若為百分之四十五，意思是希望食物成本（feed cost）約佔銷售總額的百分之四十五。

(二)低價位

為了使消費市場的接受率大幅提高，餐飲業者會運用低價位技巧，以吸引新的顧客。

(1)主要目的：目的是促銷新產品。

(2)次要目的：出清存貨，求現週轉。

(3)定價方法：業者將菜單價格定在邊際成本或低於總成本，即常見的薄利多銷。

(三)高價位

餐飲業者在某些特殊情況下，會將菜單價格定得比合理價位高出許多，形成所謂的「天價」，以符合某些消費者的需求。

(1)產品特殊：因產品獨特，市場上無與之匹敵的競爭對手，此時業者可趁勝追擊，賺取高額利潤。

(2)市場區隔：受企業高知名度之影響，將主顧客定位在人口金字塔的頂端，意謂出入此種高層次等級的餐廳是身分地位的表徵。

(3)附加價值：執行高價位策略時，應配合高品質及親切服務等附加價值，使顧客更能欣然接受。

二、菜單定價策略

定價策略對於任何一個企業的經營來說，是十分重要且必備的。如果沒有適當的價格策略，不僅會浪費企業經營者的時間，也會造成價格被動地受市場競爭或市場潮流所牽絆，使得企業失信於顧客，而不能主動地以價格戰勝競爭者。所以制定正確的定價策略才是提高銷售額的主要關鍵，一般而言，有下列六種定價策略。

(一)兼顧市場行情與成本

在制定菜單價格時，一方面要考慮市場上的供需情形，另一方面也要顧及食物的成本比例，若無法做到兩者兼顧，應讓步的不是行情與成本，而是著手修正服務品質。

1.供不應求

在供不應求的市場中，消費者別無選擇，需求彈性小，只能成為價格的接受者，此時，餐飲業者只要跟著市場行情走，就能穩賺不賠。

2.供過於求

在供過於求的市場中，消費者的選擇機會增加，需求彈性大，市場行情趨向谷底，此時，餐飲業者若不考慮成本，而一味競相減價，只會造成惡性競爭。

3.結束營業

假使無論如何都無法做到兼顧市場行情與成本，唯有關門大吉，另闢財源。

4.定價步驟

基本上，在定價時應該採取三個步驟：

(1)計算精確的成本。

(2)調查目前的價格水準。

(3)運用專業知識與直覺，判斷出最合適的市場行情與成本。

(二)以成本為基準的定價策略

多數餐廳主要是依據食品、飲料的成本來制定銷售價格，此種以成本為基準的定價策略，常用的方法有成本加成定價法及目標收益率定價法二種。

1.成本加成定價法

這是最簡單的方法，將成本再加上一定的百分比來定價，不同的餐廳採用不同的百分比。

2.目標收益率定價法

即先制定一個目標收益率，根據目標收益率計算出目標利潤率，得到目標利潤額，當銷售量達到預計的數目時，便能實現預定的收益目標。

(三)以需求為基準的定價策略

根據消費者對餐飲食品價值的需求程度和認知水準來決定售價，常用的有主觀印象定價法和需求差異定價法二種。

1.主觀印象定價法

餐廳對客人提供的服務，著重在飲食的質量、服務及廣告推銷等「非價格因素」，使客人對該餐廳的產品形成一種觀念，根據這種理念，制定符合消費者價值觀的價格。

2.需求差異定價法

餐廳依照不同類型的顧客，不同的消費水準，不同的時間，不同的用餐方式來定價。

(四)以競爭為基準的定價策略

在制定菜單價格時，以競爭者的售價為定價的依據，可能比競爭對手的價格高一點，也可能低於競爭對手的定價。餐廳經營者必須深入消費市場，充分分析競爭對手，才能定出合理的菜單價格。

(五)以新產品為基準的定價策略

對於新開張的餐廳或新開發的菜品，決定採取短期優惠價格，市場滲透價格或市場暴利價格。

1.短期優惠價格法

許多餐廳在新開張期間，為了使產品能快速打入市場，而暫時將價格壓低，吸引顧客前來消費，一旦過了優惠期間，便將菜單價格恢復正常。

2.市場滲透價格法

自新產品開發後，便將價格壓得很低，目的是希望新產品能迅速被消費者接受，企圖在餐飲市場上取得領先地位，並長期佔領現有的消費習慣。

3.市場暴利價格法

餐廳自開發新產品後，便將價格提高，以牟取暴利，除非有其他餐廳加入競爭，推出同樣的產品，顧客開始拒絕高價而降低消費，此時餐廳才會降價以維持正常的運作。

(六)以價格折扣為基準的定價策略

餐飲行業常運用各種優惠手段來推銷本身的產品，常見的有累積次數優惠、團體用膳優惠及非假日價格優惠三種。

1.累積次數優惠法

許多餐廳為鼓勵顧客前往餐廳舉辦宴會或會議，而對常客進行價格上的優惠，光臨餐廳次數越多，則折扣率越大。

2.團體用膳優惠法

　　爲達到促銷目的，餐廳對於團體客人給予一定比例的折扣，以鼓勵公司行號或其他企業來店消費。

3.非假日價格優惠法

　　針對平時非假日前來用餐的客人，給予價格上的優惠，藉此減少高峰時段的壓力和增加總客源。例如，三商巧福對於週一至週五中午前來用餐的客人，給予八折優待。

常見的定價方法

　　菜單的定價方法很多，最常見的定價方法歸納起來，共有四種：(1)成本倍數法；(2)利潤定價法；(3)非正式定價法；(4)顧客心理反應定價法，分別敘述如下：

一、成本倍數法

　　餐飲成本是餐廳經營者在決定菜單售價時，首要考慮的因素之一。實際上，食物成本是由食品材料、人工費、營業費用及其他所構成，餐廳根據食物成本的倍數，制定出菜單的售價，這種方法的計算步驟如下所示：

　　某道菜的材料成本爲　　　　　　150（元）
　　某道菜的人工費爲　　　　　　　　50（元）
　　某道菜的營業費用爲　　　　　　　50（元）

餐飲的主要成本為　　　　　　　$150＋50＋50＝250$（元）

假設主要成本率為　　　　　　　65%

求主要成本率的倍數　　　　　　$100\% ÷65\% ＝1.54$（倍）

主要成本額×倍數＝售價　　　　$250×1.54＝385$（元）

本法的特點為：

(1)計算簡單，清楚明確是成本倍數法的主要優點。

(2)除了餐飲的主要成本外，尚有其他變數會影響價格，因此並非所有餐廳都適合採用這種方法。

二、利潤定價法

　　利潤定價法除了考慮食物的成本外，另加上餐廳所追求的利潤目標，將兩者合併計算來制定菜單價格。此種方法的計算步驟如下：

預計食物銷售量為　　　　　　$20,000,000$（元）

營運費用(不含食物成本)為　　$12,600,000$（元）

預期的利潤為　　　　　　　　$1,000,000$（元）

步驟(一)：預估食物成本

$$20,000,000－(12,600,000＋1,000,000)＝6,400,000$$

步驟(二)：算出定價的倍數

$$20,000,000÷6,400,000＝3.125（倍）$$

步驟(三)：計算每道菜的售價

食物成本×定價倍數＝售價

假設沙拉的食物成本爲100（元）

100(元)×3.125（倍）＝313（元）

本法的特點爲：

(1)利潤定價法較有科學根據且合乎常理。

(2)此法主要是確保利潤，而將利潤估算爲成本的一部分。

三、 非正式定價法

所謂非正式的定價方法，是指不考慮成本結構或其他經營上的問題，爲一種最直接、最簡易的定價方法，常見的有直覺法、心理法、傳統法、嘗試法、競爭價格法及追隨領導者定價法等六種，分別說明如下：

(一)直覺法

菜單價格是依照餐飲經營者的直覺制定，可以是主觀的或客觀的，隨經營者的喜好判斷，沒有固定的模式。

(二)心理法

經營者根據消費者所期待的心理狀態來制定菜單價格，創造一種便宜的假象，引起消費者的購買慾望，如麥當勞推出多種超值組合套餐，強調一百元有找。

(三)傳統法

依照傳統習慣來制定菜單價格，可能是業界形成的傳統或個別餐廳的獨特傳統，這種傳統不單是指菜單定價的金額，也可用於菜單定價的結構，如酒的利潤可以比食品高。

(四)嘗試法

餐飲經營者先隨便定價，然後再依市場的供需反應調整售價。

(五)競爭價格法

餐廳依據其他性質相同競爭者的定價來制定菜單價格，主要目的是和競爭者爭取潛在的消費市場，增加餐廳本身的利潤。

(六)追隨領導者定價法

根據價格領導者的定價來制定菜單價格。所謂的價格領導者是指同行中有條件自行定價或調整價格之人。

四、顧客心理反應定價法

利用消費者對數字的敏感程度及心態反應來制定菜單價格，確實能達到良好效果，使銷售數量大幅提高。在此介紹一般餐廳常用的三種方法：整數定價法、尾數定價法及吉祥數字定價法。

(一)整數定價法

整數定價法常被高級的餐廳採用，對於較貴的菜品，常以整數定價來替代零星的尾數，例如600元比598元，顯得更為體面和氣派，符合人們講求面子之心理。

(1)價格敏感度低：購買高級商品的顧客，對於零星的尾數差額較不在意。

(2)方便財務管理：整數定價法因為是一個完整的數目，方便計帳人員收付及管理。

(二)尾數定價法

帶有尾數的定價，常給予顧客一種印象，就是餐廳對於菜單價格必定是經過非常謹慎認真的計算過程，因此顧客較不會有上當的感覺。

(1)經濟實惠：適用於經濟型餐廳或針對追求實惠的顧客。

(2)心理反應：帶有尾數的價格感覺比整數價格便宜，例如越南東家羊肉爐推出熱炒項目，每道菜定價99元起，感覺要比整數的100元更令人心動。

(三)吉祥數字定價法

中國人凡事追求吉祥如意，為了迎合顧客此種心理，菜單定價者引用吉祥數字之諧音來定價，例如在價格中選擇帶有「6」、「8」或「9」的數字。

(1)價格中選擇帶有「6」的數字，表示順利的意思。

(2)價格中選擇帶有「8」的數字，表示發財的意思。

(3)價格中選擇帶有「9」的數字，則有長長久久之意。

第六章 菜單的製作

◆ 菜單製作原則

◆ 菜單製作要求

◆ 菜單製作常見的通病

製作一份嚴謹的菜單，是餐飲經營致勝的先決條件。餐廳經營者在著手研擬菜單之前，必須審慎考量本身的內在條件及外在環境等因素，以循序漸進的方式，建構最適合該餐廳經營型態的菜單。本章擬將菜單製作的原則、要求及製作上常見的通病加以陳述，藉此說明菜單製作的過程。

菜單製作原則

不論是研擬一份新的菜單，或是修正舊有的菜單，若能充分掌握一些重要的原則，就算是成功了一半。所以，我們要對菜單的三「S」、菜單的形成步驟及製作原則加以分析考慮，才能規劃出獲利最大、行銷最強的菜單。

一、菜單的三「S」

菜單的三「S」分別是簡單化(Simple)、標準化(Standard)及特殊化(Special)。

(1)簡單化(Simple)：菜單項目清晰明確，一目瞭然。

(2)標準化(Standard)：菜色的內容和份量維持一定的標準。

(3)特殊化(Special)：菜單外觀的設計和菜色的配置必須具有獨特風格，才能引人入勝。

二、菜單的形成步驟

　　菜單的製作過程可歸納為五個步驟(圖6-1)，分別是：(1)根據需要，列舉菜色；(2)刪除問題項目；(3)分析限制及缺失；(4)建立標準食譜；(5)完整菜單之形成。

(一)步驟一：根據需要，列舉菜色

　　依據市場的需求及潮流，從食譜、書籍、同業及餐飲雜誌中列出所有適合的菜色，以供研發各項菜餚之參考。

(二)步驟二：刪除問題項目

　　把容易引起爭議的內容予以去除，例如刪除因產地、區域或季節而產生變化的項目。

(三)步驟三：分析限制及缺失

　　將剩餘的菜色逐項加以分析，考量其在製備過程中所需的機械設備及員工製作能力，並且刪除無法完成或不易達成的項目。

(四)步驟四：建立標準食譜

　　逐一試煮、試吃現存的菜色，以建立每道菜正確的標準食譜。若食物的烹調品質難以維持一致，則寧願捨棄這一道菜餚。

(五)步驟五：完整菜單之形成

　　經過前面四個步驟的篩選，一份製作精良的菜單就此產生，成為餐廳最重要的商品目錄。

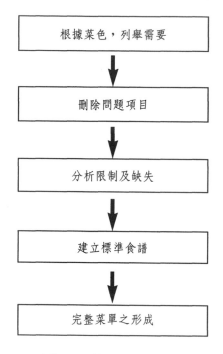

```
┌─────────────────────────────┐
│     根據菜色，列舉需要         │
└─────────────────────────────┘
              ↓
┌─────────────────────────────┐
│       刪除問題項目            │
└─────────────────────────────┘
              ↓
┌─────────────────────────────┐
│      分析限制及缺失           │
└─────────────────────────────┘
              ↓
┌─────────────────────────────┐
│       建立標準食譜            │
└─────────────────────────────┘
              ↓
┌─────────────────────────────┐
│      完整菜單之形成           │
└─────────────────────────────┘
```

圖6-1 菜單形成步驟

三、菜單製作的原則

　　一份成功的菜單要能反映出飲食口味的變化和潮流，才能符合消費者的需求。因此，菜單製作要考慮下列五項原則：

(一)品質優越、創意領先

　　加強菜單內容的新鮮(Fresh)、奇特(Peculiar)、異質(Different)、稀奇(Unusual)及安全(Safe)。

1.新鮮(Fresh)

　　(1)食物材料的新鮮程度是否符合規定。

　　(2)注意食品的安全存量。若有不足，即時予以補充。

2.奇特(Peculiar)

　　(1)對於食品的品質與數量詳加控制。

　　(2)製作特殊的菜色，以滿足各種類型消費者的需要。

3.異質(Different)

　　(1)提供與眾不同的飲食口味。

　　(2)採用循環性菜單，以豐富菜單內容。

4.稀奇(Unusual)

　　(1)研發獨一無二的招牌菜。

　　(2)根據市場趨勢與潮流，作適當的調整。

5.安全(Safe)

　　(1)食品是否可以安心食用。

　　(2)確保產品的可食性，是否達到衛生安全之標準。

(二)廚藝專精、價格合理

　　強調產品的有效性(Product Availability)、產品的適合性
(Product Suitability)及產品的多樣性(Product Variety)。

1.產品的有效性(Product Availability)

　　(1)食品原料有無季節性。

　　(2)食品原料是國產貨或需仰賴進口。

2.產品的適合性(Product Suitability)

　　(1)食品是否廣被消費者接受。

　　(2)食物是否合乎當地的風俗習慣。

3.產品的多樣性(Product Variety)

　　(1)菜單是否獨特有變化。

　　(2)食品飲料有無替代品。

(三)行銷高明、供需均衡

　　注重產品的可售性(Product Salability)、產品的有利性

(Product Profitability)及產品的均衡性(Product Balance)。

1.產品的可售性(Product Salability)

    (1)菜單是否易於銷售。

    (2)食品是否有足夠的行銷管道。

2.產品的有利性(Product Profitability)

    (1)食品銷售對業者而言，是否有利可圖。

    (2)是否能滿足市場的需求與利益。

3.產品的均衡性(Product Balance)

    (1) 產品是否能滿足消費者的營養需求。

    (2)供給者與需求者之間，是否能達到平衡。

(四)重視員工、強調專業

    考量員工的製作能力(Staff Capacity)及機械生產能力(Equipment Capacity)。

1.員工製作能力(Staff Capacity)

    (1)員工的工作技巧及效率會影響餐食的供應。

    (2)應給予員工充足的工作時間來完成各式菜餚。

    (3)訓練有素且技術優良的專業人員，才能確保食物品質。

2機械生產能力(Equipment Capacity)

    (1)廚房設備最能展現食物在製備上的潛力。

    (2)是否有足夠且適合的用具來製備食物。

    (3)是否有足夠的爐面及烹調用具，以適合菜單需要。

(五)服務顧客、掌握市場

    根據餐廳的種類(Type of Restaurant)、服務的型式(Service Style)及顧客的需要(Customer Needs)來製作菜單。

1.餐廳的種類(Type of Restaurant)

    (1)餐廳種類對菜單製作造成莫大的影響。

(2)食物的烹飪方式和菜色因餐廳種類而有差別。

(3)不同類型的餐廳，提供不同的菜餚口味。

2.服務的型式(Service Style)

(1)服務方式因地置宜。

(2)服務方式直接影響菜單結構。

(3)不同的服務方式會有不同的菜色選擇。

3.顧客的需要(Customer Needs)

(1)每個人對食品各有其不同的喜好。

(2)經由調查及統計方法，可瞭解顧客的飲食趨勢。

(3)研究顧客的屬性有助於開發潛在的餐飲市場。

(4)熟讀鄰近餐廳的菜單，亦是瞭解顧客需求的方法之一。

菜單製作要求

菜單可增加顧客的購買能力，節省顧客點菜時間，提昇人員服務品質，同時也是餐廳重要的行銷工具，可說是一舉數得。所以，餐飲業者應重視菜單設計者的能力，強調菜單製作的各種要求。

一、菜單設計者應具備的條件

餐廳的菜單一般由餐飲部門的經理和主廚擔任設計工作，亦可另外設置一名專職的菜單設計人員。菜單設計者應將焦點放在顧客身上，考量各種相關因素（圖6-2），才能明白顧客用餐

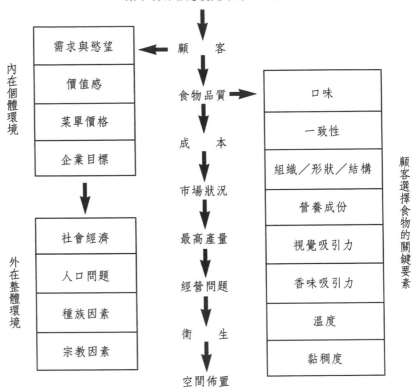

菜單設計者應優先考慮的因素

內在個體環境		顧　客 →	口味	顧客選擇食物的關鍵要素

需求與慾望 ←

價值感

菜單價格

企業目標

食物品質 →

口味

一致性

組織／形狀／結構

營養成份

視覺吸引力

香味吸引力

溫度

黏稠度

外在整體環境

社會經濟

人口問題

種族因素

宗教因素

成　本

市場狀況

最高產量

經營問題

衛　生

空間佈置

圖6-2　以顧客為焦點的菜單設計流程圖

的動機與需求。因此，菜單設計者應具備下列八項條件：

(一)具有權威性與責任感

　　(1)菜單設計者應具有權威性，才能制定明確的食物決策。

　　(2)菜單設計者要有強烈的責任感，才能完成確實可行的計
　　　劃。

(二)具有廣泛的食品知識

　　(1)對於食物的製作方法及供應方式有充分的瞭解。

　　(2)完美展現食物的最佳烹調狀態，以滿足消費者的口慾。

(3)同時顧及食品的價格與營養成份，設計出價格合理且營
　　養均衡的產品。

(三)具有一定的藝術修養

(1)設計的菜單要合乎藝術原則。

(2)對於食物色彩的調配，兼具理性與感性。

(3)將食物的外觀、風味、稠度及溫度等作良好的配合。

(4)使用合適的裝飾物，以增添菜色的面貌。

(四)具有創新和構思能力

(1)隨時使用新的食譜。

(2)大膽嘗試新發明的菜單。

(3)留意食物發展的新趨勢。

(4)不斷製作與眾不同的菜餚。

(五)具有調查和閱讀能力

(1搜集各種食品的相關資料，以供參考。

(2)吸收各方面的專業知識，以增加菜單設計的能力。

(3)根據調查資料或研究報告，分析消費者對食物的喜惡程
　　度。

(4)瞭解餐館內部廚房設備的生產能力及各項用具如何妥善
　　搭配。

(六)製作完備的菜單表格

(1)建構一套有系統的菜單表格，作為設計菜單的指引。

(2)菜單表格可以豐富菜單內容，避免過於單調或重複。

(七)以顧客立場為出發點

(1)設計者應根據顧客的要求製作菜單，而非個人主觀的好
　　惡。

(2)避免將客人喜愛或較不受歡迎的菜色集中於某一餐，形

成兩極化的差別。

(3)傾聽客人的建議或訴求，作為菜單改善的最高指導原則。

(八)有效地使用殘餘材料

(1)隨時察看廚房中殘留材料的存量。

(2)秉持廢物利用之精神，將殘餘材料融入菜餚項目中。

二、菜單設計者的主要職責

菜單設計者的主要職責可分為下列幾項：

(1)與相關人員(主廚或採購部門主管)研磋菜單。

(2)按照季節之變化編製新的菜單。

(3)進行各式菜餚的試吃、試煮工作。

(4)審核食物的每日進貨價格。

(5)檢查為宴席預訂客戶所設計的宴會菜單。

(6)配合財務部門人員一起控制食品與飲料的成本。

(7)瞭解顧客的需求，提出改進及創新餐點之建議。

(8)從事新產品的促銷工作，向客人介紹本餐廳的菜色。

(9) 結合市場行情，制訂食品的標準價格與份量。

(10)在不影響食物質量的情況下，提出降低食物成本的方法。

三、菜單製作的要求

製作一份完善又精美的菜單，除了要有合理的價格外，還要考慮其他各項需求，才能讓菜單達到盡善盡美之境界。

(一)菜單形式多元化

(1)菜單的式樣、顏色能與餐廳氣氛相呼應。

(2)菜單擺放或坐或立,應能引起客人的注意。

(3)桌式菜單印刷精美,可平放於桌面,供客人觀看。

(4)活頁式菜單便於更換,可隨時穿插最新訊息。

(5)懸掛式菜單能美化餐廳環境,吸引客人的目光。

(二)菜單內容多樣化

(1)菜單項目不斷創新,帶給客人新鮮奇特的感覺。

(2)根據季節的週而復始,變換餐廳的菜單內容。

(3)設計「循環性菜單」,提供不一樣的飲食口味。

(4)籌劃「週末菜單」或「假日菜單」,藉此豐富菜單的內
容,並引起客人的興趣。

(三)菜單命名專業化

(1)建立菜單命名的科學性。

(2)展現菜單名稱的藝術性。

(3)菜餚的名稱能恰如其分地反映此道菜的實質與特性。

(4)運用各種藝術手法,增添菜餚名稱的美學與文學色彩。

(四)菜單價格大眾化

(1)餐廳應提供各式平價餐點,讓消費者有能力一飽口福。

(2)餐廳可藉由大眾化的消費產品,維持市場的佔有率。

(3)餐飲業者取之有道,唯有制定合理的價格,才能說服顧
客前來用餐。

(五)菜單推銷生活化

(1)菜單不僅是餐廳的推銷工具,更是很好的宣傳廣告。

(2)客人既是餐廳人員的服務對象,亦是義務的推銷員。

(3)與政府機構或民間企業相結合,藉此壯大餐廳的聲勢。

(4)舉辦各種折扣或娛樂活動,融入當地的生活習性。

(5)重視飲食的營養均衡及環保衛生,滿足消費者視覺上和精神上的追求。

菜單製作常見的通病

菜單是餐飲企業銷售食品的工具,餐廳透過菜單向顧客傳遞服務訊息和用餐品質,所以,一份完整的菜單有助於產品銷售量的增加,而一份不完善的菜單會使餐館失去生意。然而,菜單在製作過程中,受到種種限制因素的影響,容易形成偏差與錯誤,尤其是發生在菜單的表現方式及經營策略兩大部分。

一、菜單表現方式之通病

顧客往往根據菜單中得到的訊息來決定他對餐館的看法,因此菜單外觀品質的良窳,成為餐飲企業極為重要的考量因素之一,然而常見的菜單在外觀設計及表現方式上卻存在著種種缺失。

(一)菜單尺寸大小不恰當

(1)菜單規格太小,增加閱讀的困難。

(2)菜單規格過大,客人容易感到不適。

(3)菜單尺寸與提供的訊息及餐桌的大小有關。

(二)菜單字體太小或擁擠

(1)字體太小或太細,年長者不易閱讀。

(2)顧客因看不清菜單上的字而無法點菜。

(3)菜單因印刷之故，所以要採用大一點的字體。

(4)為使字體易於分辨，印刷時應留意油墨色調之搭配。

(5)變換菜單的紙質或將字體與紙張形成鮮明的對比色彩，
以利辨識。

(三)菜單缺乏介紹性文字

(1)介紹性說明的目的是節省顧客點菜時間。

(2)沒有任何解說的菜單，讓消費者產生極大的不便。

(3)介紹性文字要能清楚地表達菜單作法及主要材料。

(四)菜單骯髒或破損老舊

(1)一份沾有油污或破裂的菜單，會使客人失去食慾。

(2)菜單的整潔狀況會使客人聯想到食品的清潔與衛生。

(3)管理人員定期檢視餐廳內所有菜單，並將不適合繼續使
用的菜單予以丟棄。

(五)菜名不當或拼寫錯誤

(1)避免將菜單中的外文名稱譯錯或拼寫錯誤。

(2)餐廳必須檢查菜名是否正確無誤，仔細核對後才能進行
印刷。

(3)如果餐廳提供的是外文菜單，除了要有順暢的中文說
明，最好也能附上原文加以對照。

(六)虛偽不實的菜單內容

(1)菜單上出現餐廳無法供應的菜色。

(2)菜單上刊登已過時的餐點推銷訊息。

(3)桌上菜餚和菜單上的照片不符，未能達到顧客期望。

(七)缺乏合理的菜單定價

(1)不可任意塗改菜單價格。

(2)菜單價格未能明確列出，易與顧客發生衝突。

(3)菜單訂價不當，顧客不願花錢品嚐美食佳餚。

(八)菜單與餐廳風格不符

(1)菜單的整體設計與餐廳風格不符合。

(2)菜單製作項目和餐飲內容格格不入。

(3)菜單無法充分展現餐廳的特色與訴求。

二、菜單經營策略之通病

菜單在經營策略方面常見的毛病包括：遺漏飲料單、菜單種類不當、菜單份數不足、菜單更換頻繁、菜品介紹誇張、菜單內容乏味、缺少兒童菜單及招牌菜色，茲分別說明如下：

(一)遺漏飲料單或酒單

(1)酒單的設計與製作必須仰賴專業人士。

(2)酒類飲料是餐廳增加營業收入的重要手段。

(3)酒精性飲料與葡萄酒品未列印成酒單，實為十分嚴重的錯誤。

(二)菜單種類難以規範

(1)菜單內容稀少，客人選擇性低。

(2)菜單內容過多，客人不知所措。

(3)餐廳要提供獨樹一幟的菜餚，特別是人們無法自行調配或不會烹煮的食物。

(三)菜單份數不敷使用

(1)菜單數量不足，服務速度會減緩。

(2)多備幾份不同的菜單，可收促銷之功效。

(3)隨時補足備用菜單，避免在用餐高峰時段形成菜單短缺

之現象。

(四)菜單更換過於頻繁

(1)菜單項目每日更換，顧客易產生混淆。

(2)菜單更換頻率過高，無法凸顯獲利較佳的菜色。

(3)餐廳可使用循環更換的菜單來解決這種問題。

(五)菜品介紹過於誇張

(1)避免形容性的描述。

(2)介紹菜品的措詞要名副其實。

(3)只要列出菜餚名稱、主要原料及烹調方法即可。

(六)菜單內容令人乏味

(1)餐廳要經常變換菜餚口味，才不會令客人產生厭煩。

(2)有些餐廳的菜單種類從不更換，只有價格才是唯一變動
的項目，這是錯誤的經營理念。

(3)餐廳每年依據需要而變換菜單內容，將一些不受歡迎或
利潤不佳的項目予以刪除。

(七)未能製作兒童菜單

(1)兒童在用餐方面亦有特殊需要，不必要求與成人一致。

(2)兒童菜單的菜色以簡單、營養為主要原則。

(3)採用兒童菜單，可增加有小孩的成人客源。

(八)菜單上缺少招牌菜

(1)餐廳藉由招牌菜，在餐飲市場上創造獨特的形象。

(2)在製作菜單時，一定要考慮能使餐廳出名的招牌菜。

(3)招牌菜必須貨真價實，才能讓顧客記住餐廳並廣為宣
傳。

第七章 菜單之評估

◆ 菜單分析

◆ 菜單的修正與檢討

◆ 如何增添新菜色

菜單製作完成，必須經過一段時間的試驗與銷售，並通過調查、分析、研究等步驟，才能作出是否成功的結論。一份成功的菜單並不意味著其永遠是成功的，餐飲管理人員要根據市場的變化不斷進行分析與修正，才能合乎餐飲市場經營的需要。

菜單分析

　　菜單分析是指調查菜單上各式餐飲的銷售情況。我們可以從中分析哪些項目最受顧客喜愛，哪些食品的銷售量最大，哪些食物的獲利能力最高。為明瞭菜單分析的重要性，本節擬就菜單分析方法及菜單分析作用加以說明。

一、菜單分析的方法

　　要對菜單進行分析必須藉曲一定的方法，菜單直接分析法通俗簡便，可以幫助我們對菜單進行全面的分析。所謂菜單直接分析法是指餐飲企業將具有一定理論和實務經驗的人員（如餐廳經理、主廚、會計師等）聚在一起，依自己的知識與經驗直接對菜單進行分析與評價。主要包含菜單的內容分析和外觀分析兩個項目。

(一)菜單的內容分析

　　菜單內容分析主要是對菜單的結構、品質和收益三方面進行評估，藉此明瞭菜單在餐飲市場的有效性。

1.菜單的結構分析

　　菜單結構組合，要以餐飲企業的類型、等級和菜單種類為基礎。

　　(1)產品比例是否合理：目的在分析構成菜單的各類飲食產品及其構成比例是否合理。例如一般菜單中，冷菜和湯的比例約佔總數的10% 至15% ，熱菜和主菜的比例約佔60% ，而點心的比例則略低。

　　(2)市場需求是否達成：菜單結構是否適應該餐館的市場需求特性。例如顧客的用餐習慣、用餐目的及飲食偏好等。

　　(3)加強促銷成效如何：菜單結構是否能突顯餐廳的主力推銷菜餚，進而加強餐飲的促銷能力。

　　(4)經營特色表現程度：菜單結構組合是否展現餐廳的經營風格和特色，突顯餐廳的整體氣氛與主題意象。

2.菜單的品質分析

　　主要是指對菜單中餐飲品種組合和餐飲價格組合的分析。

　　(1)餐飲品種組合分析

　　　A.兼顧產品質量：分析菜單中各類產品的質量是否符合顧客的需求和偏好。

　　　B.發揮製備能力：分析菜單品種組合是否能充分發揮廚師技藝和廚房設備。

　　　C.調節市場供需：分析菜單是否能與現實市場原料的供求狀況互相配合。

　　(2)餐飲價格組合分析

　　　A.餐飲水準比例：分析菜單中各類餐飲的高、中、低水準比例分佈是否恰當。

B.顧客消費能力：價格高低的幅度是否隨顧客的消費能
力而有不同。

C.修正價格策略：調整價格組合幅度，是否有利於提高
餐廳的競爭能力及市場佔有率。

3.菜單的收益分析

是指菜單在實際(或預計)經營過程中，為餐廳帶來經濟效
益狀況之分析。

(1)確定成本及毛利率：確定菜單中每項菜餚的成本及毛利
率。

(2)結合各項相關因素：考量各項餐點的實際銷售狀況、利
潤狀況、同業價格等因素。

(3)瞭解顧客喜愛程度：分析顧客對各項食物的喜愛程度(即
顧客歡迎指數；顧客歡迎指數＝某種菜餚的實際銷售份
數÷餐廳菜餚銷售總份數)。

(4)分析菜餚獲利能力：計算菜單中各種菜餚的毛利率組合
形態和盈利能力是否合理。

(二)菜單的外觀分析

菜單的外觀分析主要有對菜單的準確性、菜單的實用性和
菜單的宣傳性三方面的分析。

1.菜單的準確性分析

(1)審查餐飲分類是否合理。

(2)檢視菜餚名稱是否貼切。

(3)檢查菜名是否拼寫無誤。

(4) 核對菜單價格是否正確。

(5)避免出現不必要的錯誤，影響餐廳形象。

2.菜單的實用性分析

　　(1)分析顧客使用菜單的方便性。

　　(2)分析顧客使用菜單的易讀性。

　　(3)分析菜單製作尺寸的大小。

　　(4)分析菜單內各項菜餚的排列組合。

　　(5)分析菜單字體的大小是否影響顧客點菜。

3.菜單的宣傳性分析

　　(1)分析菜單的推銷能力。

　　(2)分析菜單的美觀藝術性。

　　(3)加強菜單的輔助促銷活動。

　　(4)分析菜單是否符合餐廳整體格調。

　　(5)分析菜單是否達到預期宣傳之目的。

二、菜單分析的作用

　　定期對菜單上各項菜餚進行分析和評價,可以獲知各種食品的銷售動態,對菜單設計而言,有非常重要的導航作用。總之,菜單分析的作用計有:開業前新菜單的依據、試營期非正式菜單之確認、正式營業期菜單之修正、協助餐廳進行成本控制、推銷菜品及指導菜單架構。

(一)作為開業前新菜單的依據

　　在餐廳尚未開業之前,著手分析菜單有助於新菜單的設計,進而確定菜單的種類與價格。

　　(1)協助餐廳決定營運項目。

　　(2)幫助設計餐廳的招牌菜。

　　(3)確定菜單的種類結構。

(4)確定菜單的價格結構。

(二)試營期非正式菜單之確認

　　試營階段，餐廳不宜使用正式菜單，可用成本較低的試用菜單來替代，目的是探測顧客的偏好與接受程度，以作為菜單改良之依據。

(1)非正式菜單有助於調整各類菜色的結構。

(2)使用成本較低的試用菜單，可以減少銷售的盲目性。

(3)餐廳試營期間，管理人員應詳盡記錄菜品的銷售數據。

(4)根據顧客的需要，調整試用菜單上的菜品，換掉不受客人歡迎的菜餚。

(5)試營期間的菜單分析可以反映顧客對飲食價格的反應，幫助餐廳確定正式菜單的售價。

(三)正式營業期菜單之修正

　　由於餐飲市場不斷汰舊換新，因此要經常對菜單做分析，才能及時地反應顧客需求和口味變化的動態。

(1)在正式營業期間，也要堅持進行菜單的分析與調整。

(2)菜單要能反映目前餐飲趨勢，才不會失去吸引力。

(3)受社會潮流的影響，菜系及供餐方式要不斷推陳出新。

(4)人們的飲食口味並非一成不變，必須適時更換求新，才能抓住客人的胃。

(5)分析各項菜品的銷售數量，將菜單上一些銷售額指數大、利潤高的項目做重點推銷，反之，一些不暢銷、低利潤的項目應予以取消。

(四)協助餐廳進行成本控制

　　菜單分析還能幫助餐廳進行成本控制，同時，管理人員可以根據菜單分析的結果，找出菜品推銷對成本的影響，以便尋

求改進之道。

　　(1)菜單分析可幫助餐廳進行成本的管理與監督。

　　(2)計算菜單售價的比例有助於餐飲成本之控制。

　　(3)根據菜單分析結果，得知各項餐飲的銷售數額及銷售比例。

　　(4)動員餐廳服務人員推銷成本較低的菜品。

　　(5)在菜單上增加成本較低、盈利較高的菜品。

(五)推銷菜品及指導菜單架構

　　菜單分析最主要的目的是推銷菜品和指導菜單架構的編排，讓客人一打開菜單，就會注意到餐廳欲強力促銷的菜餚。

　　(1)確定需要刊登彩色照片的餐飲項目。

　　(2)透過菜單分析結果，增加或減少介紹性文字。

　　(3)菜單內容在編排時，哪些項目需要重點推銷。

　　(4)將高利潤、較暢銷的菜放在菜單上較醒目的位置。

　　(5)採用特別的字體或藝術處理，以吸引客人的目光。

菜單的修正與檢討

　　敬業的餐飲經營者應隨時留心客人的反應，根據眼前流行的餐飲市場風尚，適時修正菜單的內容與結構，如此一來，在每月或每週進行菜單評估工作時，就知道什麼菜該刪除，什麼菜該保留。至於在修正的過程中，可以採取圖7-1的步驟。

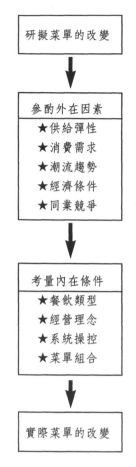

圖7-1　菜單修正的步驟

一、菜單的修正

　　菜單修正的改進之道主要包括：定期做口味調查、隨時與同業比較、淘汰不受歡迎的菜、運用組合式套餐及推出季節性菜餚等五個方法。

表7-1　顧客的口味調查

滿意度 \ 問項	非常滿意	滿　意	普　通	不　滿　意	非常不滿意
口　味					
份　量					
價　格					
香　味					
熱　度					
裝　飾					

(一)定期做口味調查

(1)利用問卷調查方式進行研究。

(2)目的是探知消費者的意見，掌握消費者的口味。

(3)可以作為改進菜餚的參考。

(4)問卷設計應包括口味、份量、價格、香味、熱度、裝飾等六項（**表7-1**）。

(5)調查頻率要適當，最好是每半年或一年舉行一次。

(二)隨時與同業比較

(1)所謂「知己知彼，百戰百勝」，唯有瞭解競爭對手的動態與現況，才不至於喪失與他人較量的能力。

(2)為使比較的結果更具參考性，與餐飲同業比較口味時必須把握「類比」原則，即同類型或同等級的餐廳，才可以互相比較。

(3)菜色的比較也要遵循「類比」原則，否則容易產生不客觀之情形。

(4)口味比較可先從同地區的同業先比較起，然後再逐漸擴

及到其他都市的同業。

(5)吸取同業的經營經驗，可收擷長補短之功效。

(三)淘汰不受歡迎的菜

(1)淘汰不受歡迎的菜以簡化菜單項目。

(2)經營者應毫不猶豫地剔除乏人問津或不易銷售的冷門菜。

(3)餐廳可減少材料的準備和浪費。

(4)避免第一次上門的顧客點到這些菜，而對餐廳口味產生不良的印象。

(5)提昇消費者對餐廳菜餚水準的評價。

(四)運用組合式套餐

(1)套餐是指將餐廳裡最受歡迎的幾樣菜組合成套，提供消費者點菜的便利。

(2)套餐對經常消費的老主顧而言，是個划算的選擇。

(3)套餐對第一次上門的新顧客來說，則有「廣告」之作用。

(4)套餐的製作應以精緻可口，搭配得宜為訴求重點。

(5)套餐的價位走向應該訂得較低，才能擴展市場銷路。

(五)推出季節性菜餚

(1)推出季節性菜餚，可豐富菜單內容。

(2)多數海鮮及蔬果類食品都有一定的生產季節。

(3)當季食品，不但量多質佳，價格也比較便宜。

(4)過季食品，不但量少質差，價格亦變得昂貴。

(5)顧客對季節性菜色，皆有不錯的口碑與銷路。

二、菜單的檢討

菜單在使用一段時間後，必須提出檢討並加以修改，才能確實符合時代潮流之趨勢。菜單檢討的重點如下：

(1)定價是否過高？

(2)飲料單是否遺漏？

(3)菜單的版面設計是否恰當？

(4)菜單的字體大小是否恰當？

(5)菜單的尺寸大小是否適合？

(6)菜單的內容敘述是否正確？

(7)菜單的紙質材料是否適合？

(8)平時是否製作銷售紀錄表？

(9)與同業口味及菜色之比較？

(10)服務人員是否有足夠製備能力？

(11)菜單製作之外觀是否符合餐廳之風格？

(12)高利潤和低利潤之菜餚項目是否均衡？

(13)受顧客歡迎的菜餚和飲料有哪些？

(14)不受顧客歡迎的菜餚和飲料有哪些？

(15)菜餚和飲料的品質是否符合餐廳之標準？

如何增添新菜色

餐飲服務業是一種自產自銷的行業，只有不斷增加新的菜

色，才能長久地吸引顧客。因此，除了經營者需要具有提高商品新鮮感與價值感的概念之外，廚房方面亦要全力配合，以下提出餐飲業增加新菜色的三種方法，供大家參考：(1)參與市場流行的菜色；(2)開發相關的暢銷菜色；(3)學習競爭對手的菜色。

一、參考市場流行的菜色

餐廳要增加菜色，必須要由市面上風行的菜色著手，瞭解目前餐飲產品的發展走向，才是正確的作法。

(一)成為市場流行的菜色，必須具有下列特性
(1)口味平順。

(2)價格實在。

(3)吃法新鮮。

(4)食材特殊。

(二)對於市面上流行的資訊相當敏銳
(1)及早引進風行的菜色。

(2)趁顧客新鮮感未退之際，開發新菜色。

(3)根據新菜色的號召力，獲取大眾的支持。

(三)避免完全抄襲他人的菜色
(1)按照他人口味一成不變，是錯誤的觀念。

(2)吸取他人經驗再加上餐廳本身的風格，使菜色更豐富。

(3)改良後的菜色在市場上更具競爭力與吸引力。

二、開發相關的暢銷菜色

所謂的暢銷菜是指在一家餐廳裡，其中有幾樣菜餚受到顧客的肯定與賞識，而給予不錯的評價。

(一)成為受顧客歡迎的暢銷菜，大多具有下列特徵

(1)口味迎合大眾所好。

(2)價位可被顧客接受。

(3)用料既實在又特別。

(4)是主廚的拿手好菜。

(二)以暢銷菜色為餐廳主力產品

(1)新菜必須藉助原有暢銷菜的行銷能力。

(2)以顧客的喜好為出發點，研發各種相關菜色。

(3)發展多元化的菜餚口味，刺激潛在的消費市場。

三、學習競爭對手的菜色

凡事都要經過比較才能分出高下，應用於餐飲服務業亦是如此，因此，餐廳在考慮增加菜色之際，必須吸取同業的寶貴經驗，學習他人菜色成功之處。

(一)在學習競爭者的菜色時，有幾個原則要注意

(1)不要輕易嘗試無法學到的相似菜色。

(2)衡量餐廳本身的水準，「量力而為」。

(3)勿自暴其短，以免降低顧客前來餐廳用餐的機會。

(二)新增加的菜色多半是從同業中擇優改進的

(1)菜色易被消費者接受。

(2)新增菜色本來就擁有相當穩定的消費市場。

(3)可拉走部分同業餐廳的客人,以增加餐廳本身的營業收
　入。

參考書目

【中文部分】

1. 文野出版社，《餐飲概論》，彰化：文野出版社，民國86年9月。

2. 交通部觀光局，《旅館餐飲實務》，台北：旅館餐飲實務編撰小組，民國81年6月。

3. 沈松茂，《餐飲實務》，台北：中國餐飲學會，民國85年8月。

4. 沈松茂，《餐飲管理實務》，台北：桂冠圖書股份有限公司，民國84年8月。

5. 李婉君，崔功射，《菜單設計與製作》，浙江：浙江攝影出版社，民國81年2月。

6. 李澤治，周慧芬，《餐飲投資百戰百勝》，台北：吃遍中國出版社，民國83年9月。

7. 吳益惠，《高獲利餐飲業經營術》，台北：漢宇出版有限公司，民國83年9月。

8. 林子寬，《吃這一行—餐飲業策略規劃》，台北：創意力出版社，民國82年11月。

9. 林仕杰，《餐飲服務手冊》，台北：五南圖書出版有限公司，民國85年4月。

10.邵建華，倪桂榮，張世財，《餐飲服務入門》，台北：百通圖書股份有限公司，民國85年5月。

11.施涵蘊，《菜單設計入門》，台北：百通圖書股份有限公司，民國86年2月。

12.高秋英，《餐飲服務》，台北：揚智文化事業股份有限公司，民國83年3月。

13.陳堯帝，《餐飲管理》，台北：桂魯有限公司，民國84年5月。

14.黃韶顏，《團體膳食製備》，台北：華香園出版社，民國85年9月。

15.黃韶顏，《自助餐菜單的設計》，台北：圓山圖書公司，民國75年9月。

16.彭俊成，《餐飲業》，台北：漢宇出版有限公司，民國84年6月。

17.經濟部商業司，《餐飲業經營管理技術實務》，台北：中國生產力中心，民國84年3月。

18.蔡界勝，《餐飲管理與經營》，台北：五南圖書出版有限公司，民國85年9月。

19.鍾耀祥，《餐飲業的經營策略》，台北：漢宇出版有限公司，民國84年6月。

20.薛明敏，《菜單定價策略之研究》，台北：中國飲食文化基金會，民國85年5月。

21.薛明敏，《西洋烹飪理論與實際》，台北：餐旅雜誌社，民國76年6月。

22.韓傑，《餐飲經營學》，高雄：前程出版社，民國82年4月。

【英文部分】

1.Kotschevar L. H.，〝*Management by Menu*〞, National Institute for the Foodservice Industry, 1975.

2.Kreck L. A.，〝*Menu：Analysis and Planning*〞, 2nd Edition, Van Nostrand Reinhold Company, New York, 1984.

3.Miller Jack，〝*Menu Pricing and Strategy*〞, CBI Publishing Company, New York, 1980.

4.Nancy Loman Scanlon，〝*Marketing by Menu*〞, Van Nostrand Reinhold Company, New York, 1985.

5.Seaberg, Albin G.，〝*Menu Design, Merchandising, and Marketing*〞, 3rd Edition, Van Nostrand Reinhold Company, New York, 1983.

菜單設計

著　　者☞ 蔡曉娟

出 版 者☞ 揚智文化事業股份有限公司

發 行 人☞ 葉忠賢

總 編 輯☞ 閻富萍

執行編輯☞ 范湘渝

登 記 證☞ 局版北市業字第 1117 號

地　　址☞ 新北市深坑區北深路 3 段 260 號 8 樓

電　　話☞ （02）86626826

傳　　真☞ （02）26647633

印　　刷☞ 鼎易印刷事業股份有限公司

初版十一刷☞ 2014 年 8 月

I S B N ☞957-818-005-5

定　　價☞ 新台幣 300 元

網　　址☞ http://www.ycrc.com.tw

E-mail ☞ service@ycrc.com.tw

本書如有缺頁、破損、裝訂錯誤，請寄回更換。

☙ 版權所有　翻印必究 ☙

國家圖書館出版品預行編目資料

菜單設計 = Menu design／蔡曉娟著.--初版
．--臺北市：揚智文化, 1999〔民88〕
面；公分.--（觀光叢書；18）
參考書目：面
ISBN 957-818-005-5（平裝）

1.飲食 - 營業

483.8   88004153